谁见过地球绕着太阳转

葛云保 / 著

科 学 出 版 社

北 京

内 容 简 介

你知道我们脚下的大地是球形的吗？你知道这个地球在围绕太阳吗？知道。那你一定很相信喽！

但是我要告诉你，迄今为止，没有一个人亲眼见证过地球绕着太阳转，你还会相信吗？我还要告诉你，远在500多年前，甚至远在2000多年前，在人们的活动范围还很小、只有极简陋的技术和工具，甚至许多数学计算的方法还没有发明的情况下，就有天文学家指出地球在绕太阳转，你会惊讶吗？他们是怎么想得到，又是怎么论证的呢？

这是一本与众不同的科普作品。它的目的不仅是介绍天文知识，更是引导我们思考——谁也没有亲眼见过，我为什么要相信宇宙是这样的。

本书讲解的就是这个激动人心的论证过程，只要你有初中的几何知识，有一定的空间想象力，加上对天文学美妙的思考力，你就能读懂它。它能满足你的好奇，回答你的疑问，让你深有感悟。

图书在版编目(CIP)数据

谁见过地球绕着太阳转/葛云保著 .—北京：科学出版社，2015.4
ISBN 978-7-03-043733-4

Ⅰ. ①谁… Ⅱ. ①葛… Ⅲ. ①天文学-普及读物 Ⅳ. ①P1-49

中国版本图书馆 CIP 数据核字（2015）第 049722 号

责任编辑：侯俊琳　何　况 / 责任校对：张怡春
责任印制：李　彤 / 封面设计：众聚汇合

科 学 出 版 社 出版
北京东黄城根北街 16 号
邮政编码：100717
http://www.sciencep.com

北京九州迅驰传媒文化有限公司印刷
科学出版社发行　各地新华书店经销

*

2015 年 4 月第 一 版　开本：720×1000 1/16
2025 年 4 月第八次印刷　印张：14 3/4
字数：162 000

定价：48.00 元
（如有印装质量问题，我社负责调换）

序

今天日心说妇孺皆知，似乎是不证自明的真理。然而真的是这样吗？"日居月诸"，参飞商舞，"七月流火"，"三星在天"。几千年来人类亲眼看到的，明明是日月星辰绕着地球动。

谁见过地球绕着太阳转？

没有人。

那么你还相信地球真的是在围绕太阳旋转吗？

在《谁见过地球绕着太阳转》这本书中，葛云保先生如是问。

这是一本与众不同的科普作品。它的目的不是介绍日心说的知识，而是引导我们思考，引导我们重温建立日心说的科学历程。打个不太恰当的比方，这本书就像一架时空穿越机器，载着读者穿越千年，去重新发现天地间的规律。它带我们回到人类的远古时代。我们的祖先看到春去秋来，日出日落，终于发现了太阳与四季的关系。它带我们回到古希腊，夜观天象，昼测日影，发现地球是圆的，算出地球的大小。它带我们追寻天才的阿里斯塔斯克，丈量天地的尺寸，把地球推下宇宙中心的神坛，超越时代整整两千年。它带我们与阿波罗尼乌斯、喜帕恰斯、托勒密这些或陌生或熟悉的先贤为伍，用唯美的圆周运动和精巧的几何模型构建地心说的宏大体系，独步千年。它带我们来到十六世纪，与哥白尼一起扫清托勒密天空中的朵朵乌云，发现日心说的宇宙是如此简洁、如此和谐。它带我们与"天空立法者"一起破除圆周运动的旧法律，与"天空哥伦布"

一起发现新的卫星和大陆，与牛顿一起用牛顿力学和万有引力诠释统一天地。它引导我们从古人的视角观察，在几千年的时间跨度上体味科学探索的艰辛曲折、享受科学发现的欣喜愉悦。

这是一本与众不同的科普作品。它的作者不是天文学家，而是一名天文爱好者。葛先生花了近十年的时间，学习、观测、计算、思考，写成了这本书，只为回答一个为什么：为什么人类认为地球围绕太阳转动？正因如此，这是一本适合大众的科普书。读懂它，只需要简单的数学和推理。正因如此，这是一本充满感情的书，字里行间，能够感受到作者对科学的爱好和探索科学的激情。正因如此，这是一本启发人们思考，激发人们探索的书，这是我认为这本书最值得推荐的地方。正如我的好友，国家天文台研究员陈学雷在推荐语中所说，"对于探索宇宙来说，这种对大自然奥秘的兴趣和思索的能力，比具体的最新知识更重要"。

是的，科学知识会随着人类的进步与时俱进。就在两年前（2013年3月），普朗克宇宙微波辐射卫星首次证实，太阳在宇宙大爆炸的余烬中以约380km/s的高速运动。这篇论文的标题有些奇怪——"Eppursimuove"。它的意思是"它仍在运动"。据说这是1633年伽利略被迫宣布放弃日心说后的喃喃自语。这篇论文证实的太阳系整体在宇宙空间的"绝对"运动，已远远超出了日心说的框架。但是，它仍然以"Eppursimuove"为标题，表达的是当代天文学家对科学先哲的敬意，是对他们廓清迷雾、揭示天地奥秘的喝彩。

永恒不变的，是科学探索的精神。无远弗届的，是科学智慧的光芒。科学家如是想，科学爱好者如是想，本书如是想。

上海交通大学物理与天文系　张鹏杰

目 录

CONTENTS

序

引 子 ··· 1

第一章　星汉灿烂 ·· 5

　　一、天似穹庐，笼盖四野 ······················· 5

　　二、日出日落 ·· 7

　　三、群星闪烁 ··· 16

　　四、明月几时有 ····································· 21

　　五、不平静的天空 ·································· 25

　　六、用眼还需动脑 ·································· 28

第二章　夜观天象为哪般 ······························ 31

　　一、人类日常生产生活的迫切需要 ············ 31

　　二、领悟上天的意旨 ······························ 48

　　三、纯属好奇 ··· 55

第三章　日月星辰的秘踪 ······························ 59

　　一、星星躲到哪儿去了 ··························· 60

二、太阳究竟在何处 ·················· 67

三、月亮的变幻 ·················· 70

四、它们离我们有多远? ·················· 74

第四章 大地的困惑 ·················· 79

一、一道高高的坎 ·················· 79

二、我们的脚下是地球 ·················· 83

三、这个球有多大 ·················· 92

第五章 猜猜宇宙的模样 ·················· 97

一、谁能猜出宇宙的模样 ·················· 97

二、宇宙的中心是一团烈火 ·················· 101

三、宇宙的中心是地球 ·················· 105

四、宇宙的中心是太阳 ·················· 112

第六章 独步千年的地心体系 ·················· 121

一、大圆小圆组合的魔力 ·················· 121

二、让地球偏离中心一点儿 ·················· 130

三、完备的地心模型 ·················· 136

四、对托勒密地心体系的质疑 ·················· 145

第七章 把太阳放到宇宙中心 ·················· 151

一、新体系横空出世 ·················· 151

二、质疑的声音 ·················· 159

三、日地易位,满盘皆活 ·················· 162

第八章 两大体系手拉手 ·················· 179

一、折中的第谷体系 ·················· 179

二、两大体系的桥梁 ·················· 183

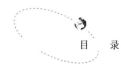
三、历史可以假设吗 …………………………………………… 189

第九章 向胜利挺进 …………………………………………… 193

一、天空立法者——开普勒 ………………………………… 194

二、天空哥伦布——伽利略 ………………………………… 204

三、站在巨人肩上的牛顿 …………………………………… 212

四、地球公转的证据 ………………………………………… 216

结束语 ………………………………………………………… 222

参考文献 ……………………………………………………… 223

后 记 ………………………………………………………… 225

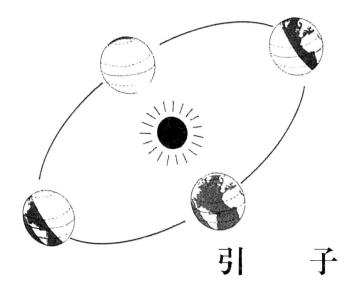

引　子

谁见过地球绕着太阳转？

没有，从来也没有。我们从很多天文书籍中知道，地球的绕日运行轨道直径有 3 亿千米左右，设想一下吧，如果我们想亲眼目睹地球围绕太阳的转动，那就必须站在与地球运动轨道平面相垂直的，离太阳中心数亿千米远的地方，看上一整年时间。就像看一个巨大的钟，必须站在钟的正面，离得足够远，才能将这个巨大的钟尽收眼底。到目前为止，人类还远做不到这一点。

那么你还相信地球真的是在围绕太阳旋转吗？或者说你有没有好奇过：既然没有人看见过地球绕着太阳旋转，那么是谁说地球在围绕太阳旋转的呢？他是怎么知道的呢？他有什么理由这么说呢？其他人为什么会相信呢？

如果我告诉你，早在四五百年之前，在人类还根本无法离开大

地之前，哥白尼（Copernicus）就论证地球是太阳系的一颗行星，除了自转还在不停地绕着太阳旋转，而那个时候的科学技术还很不发达，甚至连望远镜都还没发明，你会吃惊吗？如果我再告诉你，远在两千多年以前的古希腊，在人类的活动范围非常有限的年代，有人无需凭借任何仪器就能指出大地是球形的，在那之后不久就有人论证应该是地球在围绕太阳旋转，而不可能是太阳在围绕地球旋转，你会更为惊讶吗？

我国现行的教育模式及传统的教育理念，就是由老师告诉学生，世界是什么样的，也就是说，老师告诉学生的都是前人探索的结果，至于我们的前人是怎么探索得到这些结果的、他们当时是怎么想的，却很少提及。就我们在图书馆、书店所见的许许多多的科普书，包括天文科普书，绝大多数也都是将前人探索的成果一一告诉读者，最多再顺便告诉你一些简单的历史，如某个年代，谁谁发现了什么，谁谁创立了什么理论等，至于那些伟大的科学家当时是怎样想的，是怎么找到这些答案的，很少提及，即使提及也不系统。所以尽管我们早就从课堂上、书本中知道了大地是球形的，太阳是太阳系的中心，地球是太阳的行星，地球和其他几颗行星一样围绕太阳旋转，太阳系是银河系中数以万计恒星系中的一个，宇宙中有无数的银河系……但是，天文学家们是怎么知道这一切的？相信很多人知之甚少。

了解并掌握前人探索的结果，这固然重要，但仅此就够了吗？我们还应该适当地了解一下前人的探索过程，这同样非常重要，因为在这个过程里，我们能看到那些天才是怎样思考、分析、猜测、判断、推理、质疑和求证的，他们是如何发现常人难以发现的问题，又是如何去解决那些常人无法解决的问题的，在今日众多科学常识中，蕴含着科学天才们极其伟大的思想和无与伦比的智慧！这无疑能很好地启迪和帮助我们去探索新的未知的世界。

让我们打一个比方吧：本书就类似于讲解一道初中的几何证明题，已知条件是什么呢？就是展现在我们眼前浩瀚的天空，这个天空对古今中外所有人都是开放的，那要证明的结果是什么呢？结果就是：宇宙的真实模样。这个结果早就家喻户晓了，但是这个饶有趣味的过程很多人却不清楚。

在此向读者解释一下，本书中所说的宇宙，实际是专指太阳系，在科学技术很低的年代，天文学家们所能看到的，是没有变化的恒星天球，以及在天球背景下缓慢移动的日月行星，所以人类在相当长的年代里，以为太阳系就是整个宇宙。从认识事物的规律来说，人类一定是先认识太阳系，然后才能逐步认识整个宇宙。

人类从远古蒙昧时代的所知甚少，逐步认识到大地是球形的，再逐步认识到地球是太阳的行星之一，走过了极其漫长的路。走这段漫漫长途，人类凭借的仅仅是自己的一双肉眼和一些简单的仪器，所需要的知识也就是初中的几何知识，主要是平行线、圆形和三角形知识。所以，这段历史对于一个有初中文化基础，有空间想象能力的人来说，应该是容易理解的。本书的读者对象，就是那些具备了一定的几何学知识，有空间想象能力，从课堂上、书本上学到过许多天文常识，但是从来都没有仔细观察过太阳、月亮和星星，只是偶尔会对天空产生好奇与疑惑的人。

就让我们一起来回顾这漫长、曲折而又激动人心的求证旅程吧。

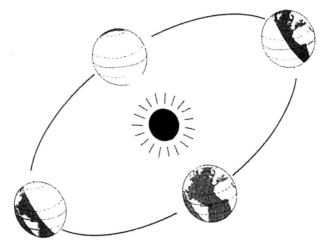

第一章

星汉灿烂

一、天似穹庐，笼盖四野

当人类第一次抬起头仰望星空的时候，就被那浩瀚而神秘的星空震慑了，从此便开始了无穷无尽地追问和探索。

天文学是一门观测科学，在 1608 年望远镜发明之前，极其漫长的年代里，人类就是凭借自己的双眼来观测和研究天体的。

现在城市里的人，包括那些本应该对大自然最有好奇心的中学生，住在混凝土的森林里，远离了大自然，已经很少有机会、有条件、有心情去看天了。有许多城市里的中学生几乎从来就没看见过日出或日落，对月亮，他们也很少注意，更别说看到月升或月落了。

至于星星，他们就是想看也看不到，璀璨的星空早就湮没在城市明亮的灯光和被日益污染的大气里。有少数中学生在离开城市到海边、草原、乡村去游玩时，偶尔会看到日出或日落，看到月亮的圆缺变化，看到星空，但那也是一闪而过，没有留心，没有好奇，没有追问，也没有思考。

只有住在农村的孩子，还有可能会看看天，不过在现代生活方式和生活节奏的影响下，在学业的压力下，大多数孩子恐怕也只是偶尔看看天，对天象也是所知甚少的。

所以我们有必要先补上这一课，稍微详细地讲讲，我们靠肉眼能看到些什么。因为如果对天象一无所知，那是不可能理解我们的前人对于天象的思考的。要想理解一道几何题的证明过程，把已知条件先看明白是必须的。

就凭我们的肉眼，能从天上看到些什么呢？为了说明问题，我们需要做如下假设：假设我们是在北半球的中纬度地区观察天空，因为人类古代的文明大多数都是在这一范围内；假设我们是在一个远离城市的平坦开阔的地方进行观察，因为如果是在山沟里或现代的城市里，遮挡物和灯光太多，连地平线都看不到，是无法对整个天空进行观察的，远离现代化的灯火通明的城市，我们能够更好地感受天空对于古代文明的影响；假设天气总是晴朗的，没有污染的，因为我们这儿研究的是天体，不是天气，阴雨天、雾霾天我们无法看到天体；假设我们是长时间地连续观察，一天、一个月、一年甚至数十年、上百年地观察，因为很多天体的视运动是极其缓慢的，非得有很长时间的观测才能发现它的运动及变化规律；假设我们在必要的时候，可以同时在相距遥远的两个地方进行观察，有许多天

文现象需要通过不同地方的观测来进行比较；假设我们的观测经常穿越时代，有时候我们是和现代天文学家站在一起看天，有时候我们又是和古代某个时期的天文学家站在一起看天，还有的时候我们是和远古时代的普通民众站在一起看天。

下面就让我们来放眼天地吧。

如果我们站在一个平坦开阔的地方，眺望远方，就会看到天地连接成一条平平的直线，通常称它为地平线。我们慢慢地向左转动视线，再向左，再向左，就不难发现，地平线其实就是一个环绕我们的圆圈，当然，那是一个极其巨大的圆圈，天文学家就叫它地平圈。中国有一首古诗写道"天似穹庐，笼盖四野"，就是说，天像一个中间高四周下垂的拱形的帐篷，或者说天像半个巨大的球壳，覆盖在辽阔的大地上。而且，无论你站在什么地方，你都会觉得你站在这个巨大半球的正中心（图1.1）。

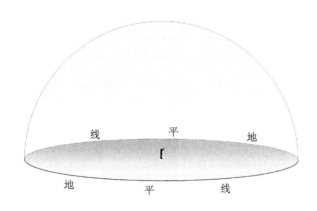

图 1.1　天似穹庐，笼盖四野

二、日出日落

不管是哪个洲、哪个种群的远古人类，对天体的认识，一定是

先从太阳开始的。这没有任何疑问，因为太阳和人类的生活太密切相关了，所以我们也就从太阳开始说起。

太阳有多大呢？古代人不知道太阳离我们有多远，太阳究竟有多大，当然也不知道其他天体究竟有多远、有多大，更不知道它们互相之间离得有多远，所以古代人只能用角度来表示天体的大小和距离。公元前 2000 年左右，古巴比伦人就把圆周分为 360 度，1 度分为 60 角分，1 角分分为 60 角秒，这个方法沿用至今，已经有 4 000 多年的历史了。用这个标准去测量太阳，太阳的直径（视直径）约为半度，如果把很多太阳在地平线上一个挨一个排起来，排成一个环绕我们的圆圈，那大约需要 720 个太阳。如果要表示太阳升起有多高，或者月亮离太阳有多远，天文学家都会用角度来表示，这就是我们后面经常会提到的"角距离"，也可以叫"视距离"。

太阳光芒四射，给我们带来光明，带来温暖，它的运动十分规律：每天早晨，它都会从东方升起，越升越高，经过我们的头顶，而后渐渐向西边落下，随着它落入地平线，天也就渐渐变暗变黑了。夜晚之后，黑夜便逐渐退去，太阳又会再次从东方升起，再次经过我们的头顶，向西边落下。如此周而复始，永不停息。即使是阴雨天的早晨，当天空开始变亮的时候，人们一定相信，太阳正在升起。在人类的远古时代，大地上除了高山和云层，没有什么东西能遮挡住人们看见太阳的升起和降落。

最初人们把太阳连续两次升起的间隔称为"一天"，或称为"日"，现在我们把半夜作为一天的分隔点。这一定是人类最早认识的时间单位，也是最基本的时间单位，以后所认识的更长的时间单位，都必须用"日"去测量。

我们只要连续观察一段时间就会发现，太阳并非每天都是在东方地平线上的同一个点升起。假设我们是在春季的某一个清晨，面对着太阳升起的方向（图1.2），看到太阳刚好在一棵大树的后面升起（图1.2中大树背后的太阳示意）。第二天，太阳好像还是在那棵大树后升起，但如果仔细辨别，其实太阳的升起点已经往北有了小小的移动，大约有1个太阳的直径，也就是半度左右（图1.2中大树左侧太阳示意）。七八天后，这种移动就看得比较明显了，太阳已经从大树的北侧升起了。太阳的升起点就这样缓缓地往北移动着，离那棵大树越来越远，但这种移动有一个极限（图1.2中左侧边缘的太阳示意），到了这个极限，太阳的升起点又会缓缓地往回移动，渐渐地向大树靠去，并且越过大树，往南移动。南面同样也有一个极限（图1.2中右侧边缘的太阳示意），到了这个极限，太阳的升起点又会缓缓地往回移动，就这样周而复始，永不停息。

图1.2　春季某相邻两天日出位移及两个极限位置

这一南一北相距多远呢？在北半球中纬度的地方看，两点相距四五十度，所以说太阳从东方升起，这儿所指的东方是一个笼统的方位。在这一南一北两点间的中点，才是正东方，在太阳南北往返

的一个完整的周期中，只有两天，太阳从正东方升起，这就是"春分"和"秋分"。

太阳落下的地点也和升起的地点一样，每天都有难以察觉的变化，也在一定的范围内，由南往北，再由北往南缓缓地移动着，周而复始，永不停息。

关于这一点，农村的孩子应该有认识，对于城市的孩子，如果你住在一栋高楼上，正好又有朝东或朝西的窗户，只要用心观察十天半月，就能发现这种移动，当然观察的时间更长些就更好了。图1.3中的两张日落照片分别是在冬、夏的两天傍晚，在同一个地点拍摄的，可以看到，太阳落山的位置有非常大的差别。

（a）摄于2010年12月17日　　　　（b）摄于2011年5月6日

图1.3　冬夏日落

太阳从升起到落下，在空中划了一个很大的圆弧，在我们北半球中纬度的人看来，太阳轨迹构成的圆弧往南倾斜（图1.4）。这一点我们通过树木或建筑物的影子的移动变化就可以发现，也可以通过家里朝南的门窗感受到这一点，古代的人也许就是通过阳光射进朝南的洞穴口领悟到的。

如果在一块平坦的地面生长着一棵笔直的大树，早晨太阳升起以后，大树的西面拖着长长的影子，随着太阳越来越高，大树的影子渐渐变短，影子所指的方向也在逐渐改变，当太阳到达一天中的

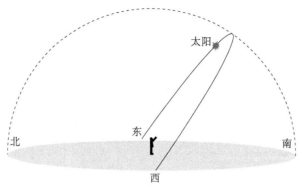

图 1.4　太阳轨迹构成的圆弧往南倾斜

最高点的时候，大树的影子是一天中最短的，这时它指向正北方，过了这一时刻，太阳渐渐向西移动，高度越来越低，大树的影子则越来越长，并且逐渐移向东方。

大树的影子是不是每天都在这样变化呢？是的，但又不是的。前面我们说了，太阳每天升起的位置是在逐日移动的，所以每天大树的影子的起始方向也在逐日变化，我们可以在一块平坦的地面中间立一个垂直于地面的高杆，太阳升起以后，立杆就会在平坦的地上投下影子，如果我们每隔 10 分钟就去把立杆当时的影子描画在地上，一天下来，地面上就会有很多直线，构成了一个美丽的图案。

图 1.5 就是 3 个特定日期的立杆影子扫描出的 3 个图案。这是从高处往下看到的图形，也叫俯视图。观测地点：北纬 35 度，东经 115 度。图 1.5 中的实线就是一天之中若干个时间点的杆影，虚线是杆影变化的边界。

通过对比这三幅图，我们可以看出杆影变化的规律。不管是冬至还是夏至，不管是春分还是秋分，一天之中，影子总是由长变短再由短变长，影子所指的方向也由向西渐渐变为向东，影子构成的图案是完全对称的，这是这三幅图的基本共同点，也是全年的任意

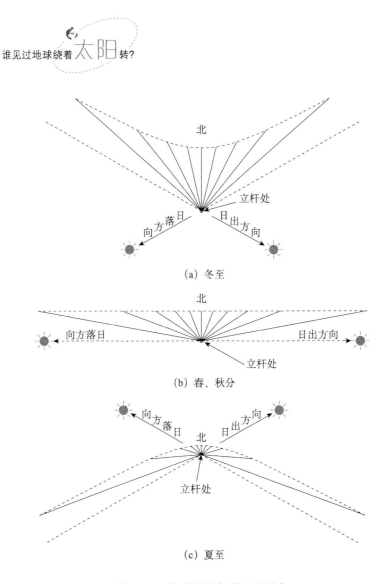

（a）冬至

（b）春、秋分

（c）夏至

图 1.5　立杆的影子扫描出的图案

一天中影子变化的共同点。如果再仔细分析一下还会发现第四个共同点:不管是哪一天,立杆的影子最短的时刻,它总是很准确地指向正北方,也就是一天中的正午时刻,这是一个非常重要的特点。但是这三幅图的总体形状又很不相同,如冬至日,影子起先是指向西偏北的方向,夏至日,影子起先是指向西偏南的方向。再有就是,不同的日子,正午时刻立杆的影子的长度是不同的。图 1.6 表示的,

就是在北纬 35 度，东经 115 度的地方，一根垂直于地面的杆子，在冬至和夏至的正午时刻所投下的影子，影子的长度相差还是挺大的。

这反映了太阳的高度与方位的变化特点，每天从早到晚，太阳的高度与方位在逐渐变化，这是人们容易察觉的。一年之中，选择每天的同一时刻来比较（如每天的上午 10 点），你会发现太阳的高度与方位也在逐日变化，但是每天正午时刻的太阳，只有高度在逐日变化，而所在方位永远是正南方天空。

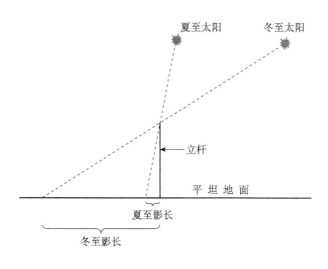

图 1.6　冬至、夏至的杆影

在太阳每天升落的地点由南往北慢慢移动的那段时间里，它每天的升起时刻也在渐渐提前，而落山的时刻则在渐渐推迟，也就是说，白天的总时间在渐渐延长，夜晚的总时间在渐渐缩短；相反，在太阳每天升落的地点由北往南慢慢移动的那段时间里，它每天的升起时刻也在渐渐推迟，而落山的时刻则在渐渐提早，也就是说，白天的总时间在渐渐缩短，夜晚的总时间在渐渐延长。我们很多人都有体会，暑假前后的早晨去上学，天已经很亮了，下午放学回家

天也没黑，可以在外面玩上好一阵子；但寒假前后的早晨去上学，天还没怎么亮呢，下午放学回家天已经完全黑了。在太阳南北往返的一个完整的周期中，只有两天，昼和夜的时间相等，那就是"春分"和"秋分"。

太阳的升降点、正午太阳的高度（对应为正午杆影的长度）、白天与黑夜的时间长度，这三者是完全同步的：当太阳从东方最偏北的点升起，就会在西方最偏北的点落下，它在空中所划的圆弧也最偏北，正午时刻它在正南方的高度最高，即离我们正头顶的距离最近，正午杆影的长度最短，这一天白天的时间最长而夜晚时间最短，由于这时候正处于炎热的夏季，这一天被称为"夏至"日；当太阳从东方最偏南的点升起，就会在西方最偏南的点落下，它在空中所划的圆弧也最偏南，正午时刻它在正南方的高度最低，即离我们正头顶的距离最远，正午杆影的长度最长，这一天白天的时间最短而夜晚时间最长，由于这时候正处于寒冷的冬季，所以这一天被称为"冬至"日。图 1.7 是太阳在夏至、春分、秋分、冬至四个特定日子东升西落的轨迹示意。

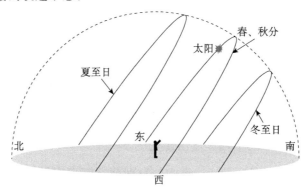

图 1.7　四个特定日子太阳东升西落的轨迹

从冬至到冬至，或者从夏至到夏至就是太阳视运动变化的一个大周期。

如果我们南北移动观测点，我们就会发现，越往北，太阳东升西落所划的弧线就斜得越厉害，于是我们会看到，在同一天的正午时刻，在南京看到的太阳，要比在北京看到的太阳离自己的头顶近些。

前面我们说过，虽然每天都是 24 小时，但每个白昼与夜晚的长度并非总是平分的，一年之中，除了春分、秋分那两天白昼与夜晚的长度几乎完全相等，其他时候都不一样，冬季白昼短、夜晚长，夏季则白昼长、夜晚短。如果我们南北移动观测点，会进一步发现，在相同的日子里，越往南去，白昼、夜晚的长度差别就越小，越往北去，白昼、夜晚的长度差别就越大。例如，元旦那一天，北京日出时刻是 7 点 36 分，日落时刻是 16 点 59 分，白天为 9 小时 23 分，夜晚为 14 小时 37 分，差别是 5 个多小时；南京日出时刻是 7 点 06 分，日落时刻是 17 点 11 分，白天为 10 小时 05 分，夜晚为 13 小时 55 分，差别不到 4 小时，所以说北方的冬夜特别漫长。7 月 1 日那一天，北京日出时刻是 4 点 50 分，日落时刻是 19 点 47 分，白天为 14 小时 57 分，夜晚为 9 小时 03 分，差别近 6 小时；南京日出时刻是 5 点 03 分，日落时刻是 19 点 15 分，白天为 14 小时 12 分，夜晚为 9 小时 48 分，差别不到 4 小时。

这就是我们肉眼能直接观察到的太阳的运动，当然，除了日出与日落的那一小段时间，还有就是雾气较浓，或天上有薄云遮挡的时候，我们可以用肉眼直接看太阳外，白天的其他时间，我们无法直接看太阳，需要采取适当的措施，如通过观测阳光下树木的影子，或者观测阳光射进洞穴的位置，来判断太阳的方位和高度。

三、群星闪烁

人类属于白天活动的动物，在遥远的古代，人们日出而作，日落而息，夜空和人们的日常生活没有多大关系，对于绝大多数人来说，夜晚的天空总是一模一样，不是满天星斗，就是星斗满天。如今，很多人都生活在城市里，城市已经变得越来越大、越来越高，夜晚灯光灿烂，即使是想看也看不到天空的星星了。

其实，夜晚的星空是非常美丽的，满天的星星明暗不一，疏密无序，像无数忽闪忽闪的眼睛在凝视着我们。

让我们选择一个晴朗的夜晚，比如9点整，在一个远离城市的视野开阔的地方，我们抬眼四望，在半圆形的天幕上毫无规律地散布着无数的星星，但是只要仔细地多观察一段时间，就会发现其中的奥秘。如果我们面向东方，就会看到，一颗颗的星星正依次缓缓上升，越升越高；如果我们仰望头顶，就会看到，一颗颗的星星正在缓缓地由东往西移动；如果我们再转向西方，就会看到，一颗颗的星星正在依次缓缓下落，先后沉入地平线。原来星星也和太阳月亮一样会东升西落！这是很多从不关注夜空的人原先没有想到的。

整个星空都在由东往西缓缓运转，六七个小时后，原先天空中有将近一半的星星都渐次落入了西边的地平线，而从东方渐次升起的星星已经占据了将近一半的天空。

当我们面对正北方的时候，我们看到，所有的星星都在围绕着一个点沿逆时针方向缓缓旋转。图1.8就是用一架固定相机对着北方天空连续曝光所拍下的照片，我们可以借此感受到旋转的天空。不过，作为一个观察者，我们在每一个夜晚，所看到的星星的旋转，

都没有走完一个整圆，而只是走了近半个圆。

图 1.8　北部星空绕北极旋转

我们也可以特别关注著名的北斗七星，图 1.9 就是在同一个夜晚的不同时段观察到的北斗七星，我们会发现这个"斗"在围绕着一个点沿逆时针方向缓缓旋转。那个点被称为北极，紧靠着北极点，有一颗星，虽然不是很亮，但在那一片区域很好找，那就是北极星。整个星空，只有它似乎是永远地静止在那个位置。

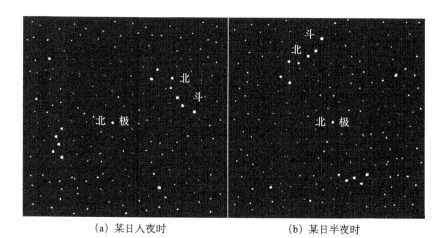

（a）某日入夜时　　　　　　（b）某日半夜时

图 1.9　北斗七星旋转

离北极点近的星星转的圆圈小，离北极点远的星星转的圆圈就大，但不管离得是远是近，它们在相同的时间里旋转的角度都是完全一样的。在北半球中纬度的地方来看，北极四周有一片区域，在围绕北极点旋转的过程中，永远在地平线上面，夜晚的任何时刻我们都能看到它；在这片区域以外的星星，在围绕北极点旋转的过程中，有一段时间会落入地平线下面。

第二天晚上，同样是9点整，站在同样的地方，我们可以看到和昨晚同一时间看到的几乎一样的星空。但其实，星空已经有了微小的变化，只是因为变化很小我们难以察觉。假如我们观测的时间长一些，变化就会很明显。例如，我们可以找一颗亮星作为参照：如果某晚9点整，我们看到有一颗比较亮的星星正好在东方的一棵大树的树梢上，半个月以后，同样的晚上9点整，我们会看到那颗比较亮的星星已经高出树梢好大一截了。再过半个月，它又高出许多，三个月后，我们看到那颗比较亮的星星已经到了西边的半空中了。这说明星星每天升起的时间在逐日提前。

远在公元前1000年以前，古埃及人就发明了一种名叫"麦开特"（Merkhet）的天文仪器，专门用来观测星空。说来也很简单，就是把一块中间开缝的平板架在一根柱子上，观测者移动自己的位置，从板缝中观测某个星星，或者等候某星通过板缝，用这种办法测量某星的地平高度，或某星到达它一天中的最高点的时刻。不要小看这简陋的东西，在那个遥远的古代，这应该是很"先进的仪器"了。

通过这样比较仔细的观察，我们明白了，由于星空在运动，同一个夜晚的不同时刻的星空是不一样的；由于星星每天升起的时间在逐日提前，一年中，每个夜晚的同一时刻，星空也是不一样的，所以在不同的季节的入夜时分，我们看到了不同的星空。春季的晚上9点钟，我们可以看到巨蟹座、狮子座、室女座；夏季的晚上9点钟，我们可以看到天秤座、天蝎座、人马座（又名射手座）；秋季的晚上9点钟，我们可以看到魔羯座、宝瓶座、双鱼座；冬季的晚上9点钟，我们可以看到白羊座、金牛座、双子座。

尽管"斗转星移"，但这无数的或明或暗的星星，总是各处其所，相互间的位置关系固定不变，所以自古以来，它们就被称为"恒星"。这无数的恒星就如同固定在天球上一样，所谓的"斗转星移"，也就是整个星空整体在旋转。也许正是这种旋转，使得古代的人类感觉到我们处在宇宙的中心。

为了便于辨认和交流，人们把天空划分成许多区域，用假想的线条把一些比较明亮的星星连接起来，构成想象中的美丽图案，并给它们起了很有意思的名字。图1.10是在北半球中纬度地区，在12月初的夜晚8点左右面向北方所看到的星空示意图，无数的星星毫无规律地散落其间，杂乱无章；图1.11是中国古代对北方星空的命名，以北极点为中心，中心四周叫紫微垣，象征着皇宫，是帝、后、太子等所在，紫微垣两侧是太微垣和天市垣（在示意图以外），太微垣象征行政机构，天市垣象征繁华街市，三垣往外环列着二十八宿，绕天一周，二十八宿的区域宽窄不一，从图1.11中的角宿开始逆时针排列，分别是亢、氐、房、心、尾、箕、斗、牛、女、虚、危、室、壁、奎、娄、胃、昴、毕、觜、参、井、鬼、柳、星、张、翼、轸各宿；图1.12是古巴比伦人、古希腊人对这一星空的命名，他们把星空分为许多个有明确范围的星座，用浪漫的神话人物和故事给

星座起名。原本杂乱无章的星空一下变得生动活泼起来，对星空不同的划分与命名，也体现了各民族不同的文化和思想。

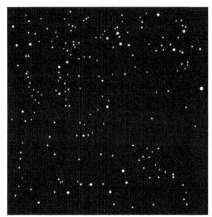

图 1.10　北极区星空

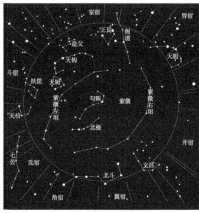

图 1.11　北极区星空中国古代星名

图 1.12　北极区星空西方古代星名

如果我们南北移动，在不同的地方看夜空，会有什么不一样吗？最明显的区别就是北极星的高度，在哈尔滨，我们看到北极星离地面有 45 度高，在北京，我们看到北极星离地面有近 40 度高，在南京，则有 32 度高，而在广州，仅有 23 度高。在哈尔滨，夜晚的任何时刻，我们都可以看到著名的北斗七星，最高时它几乎就在我们的头顶上，最低时，它接近北方的地平线，而在广州，北斗七星旋转到最高处时，它在北方的半空中，最低时，它旋转到地平线以下，我们无法看到它。

四、明月几时有

晴朗的夜晚，你可能会看到月亮。月亮虽然没有太阳那样明亮，但是，远古时代，在没有任何灯光的晴朗的夜晚，它一定是十分吸引人类的目光的。月亮是人类的好朋友，皎洁的明月，减少了人们对黑夜的恐惧，它的光线明亮而又柔和，我们可以长久地注视它。它的形态美丽而富于变化，人类自古以来就经常用诗歌来赞美它。"床前明月光，疑是地上霜"，"明月几时有，把酒问青天"，"但愿人长久，千里共婵娟"都是脍炙人口的古诗；"月亮在白莲花般的云朵里穿行"，"银色的月光映照着无边的海洋"更是优美动人的歌词。

我们有时候会在小说中看到这样的描写：太阳下山了，天色暗淡下来，一弯新月从东方冉冉升起……你看，多么富有诗情画意，可惜这种描写是错误的。有这种错误认识的人还不少，他们以为不管是新月还是残月，不管是半月还是满月，它们都是在天黑以后从东边升起，到第二天天快亮时从西边落下。其实人们永远也不会看到弯弯的新月从东方冉冉升起，它只会在刚刚入夜不久的西边天际出现，它那弯起的凸出部分指向西边的地平线，而且它很快就跟在太阳后面沉入地平线了。随着时间一天一天过去，月亮和太阳之间的角距离越来越大，弯弯的月牙就慢慢地变成了弦月，之后又从弦月一天一天地变成圆月，只有圆月时，人们才会看到它在太阳落山

的时候从东方冉冉升起。图 1.13 就是月相与日月距离的关系示意图,在图 1.13 (a) 中,太阳正落入西边的地平线。月初,月亮和太阳离得很近,我们看到的是月牙状的新月,它很快就跟在太阳后面沉入地平线了。当月亮离太阳 90 度左右的时候,日落时分它在我们头顶附近,我们看到的是半个月亮,也叫上弦月。当月亮离太阳 180 度左右的时候,日落时分它正从东方升起,那是一轮圆月,它将在第二天早上从西方落下。在图 1.13 (b) 中我们看到,太阳正从东方地平线上升起,月亮在另一个半圆上与太阳一天天靠近,继续改变着它美丽的容颜,由圆月渐渐地变为下弦月,再变为弯弯的月牙,但这时的月牙已是残月,它那弯起的凸出部分指向东边的地平线,它在黎明之前从东方冉冉升起,并很快消失在随后升起的太阳的万丈光芒之中,要想看到残月"渐渐西沉"也是不可能的。那之后的一两天,我们就难觅月亮的踪影,等我们再看见它的时候,又是在刚刚入夜不久的西边天际,那是一弯细细的新月。

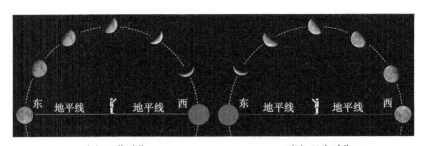

(a) 日落时分   (b) 日出时分

图 1.13 月相与日月距离关系

概括地说,每个月的前半段时间,月亮都是在大白天升起的,所以我们都无法看到"月出",而只能看到它"渐渐西沉";每个月的后半段时间,我们可以看到月亮"冉冉升起",但无法看到"月

落"，因为月亮都是在大白天落山的。只有满月前后那两三天，我们才有可能既看到它的东升又看到它的西落，而从残月到新月的那一两天，我们则整晚都找不到月亮的踪影。

月亮的圆缺变化有很明显的非常稳定的周期性，这是大自然提供给人类的第二个时间单位，这个周期比"日"长，但又不是太长，比较好掌握，简直可以说是恰到好处，人们把这个周期称为"月"。（注意：在本书中，后面所提到的月，都是指月亮的圆缺周期，即"朔望月"，而不是我们现在公历中所讲的月。）

月亮的升起点和降落点，和太阳一样，也在一定的界限之内来回移动，相比太阳的升起、降落点的移动，月亮升起、降落点的移动要快速明显得多。太阳往返移动一个周期约 365 天，月亮往返移动一个周期只需大约 30 天。不过由于人们不是每天都能看到月亮的东升和西落，往往不太注意月亮升落点的移动。

中国新疆有一首著名的爱情歌曲，其中有两句"半个月亮爬上来，照着我的姑娘梳妆台"，"半个月亮"什么时候"爬上来"？从图 1.13（b）就能看出，那就是下弦月，它在半夜 12 点左右"爬上来"，那么晚了还等待心爱的姑娘，可见小伙子的痴心。歌曲中竟然也有天文学的知识。

月亮每天都会比前一天晚约 50 分钟升起，比前一天晚约 50 分钟到达它一天中的最高点（天文学中称为"上中天"），也就比前一天晚约 50 分钟西落，就好像月亮比太阳跑得慢一样。不过仔细观察就会发现，月亮并不是跑得比太阳慢，而是它在恒星的背景下由西往东跑。

让我们选一个比较容易观察的时间来看看吧（图 1.14）：太阳下

山了，一轮皎洁的明月悬挂在东方，这是它接近满月的时候，在它东边不远处，有一颗比较亮的恒星（图 1.14 中用十字形表示），它们一起慢慢地上升。在它们一起走过我们头顶，又一起慢慢西下的过程中，你会发现月亮和那颗恒星会越靠越近，而后遮住了那颗恒星，接着越过了那颗恒星，原先在这颗恒星西边的月亮运行到了这颗恒星的东边。很明显，月亮在这无数恒星镶嵌的天球背景上，由西往东缓慢行走。

（a）某月农历十一初夜

（b）某月农历十一半夜

图 1.14　月亮在星空背景下由西往东行走

在一个晚上观测月亮的运动有点难，其实只要在每天晚上大致相同的时间进行观测，就可以明显看出月亮在恒星背景下由西往东行走，如夏天的某个农历初八，你在入夜后看到月亮在天秤座，第二天入夜后，你会发现月亮已经进了天蝎座。因此我们就能够理解，为什么月亮每天都会推迟约 50 分钟升起。至于月亮为什么一边东升西落，一边又反向行走，这是一个待解的谜。

请注意，后面我们经常会说到"月亮在天空运行一周"，都是指月亮在恒星天空的背景下由西往东的运行，这有别于月亮每天东升西落的视运动。而且在天文学中，天体由西往东运行被称为顺行。

月亮在星空背景下的行走是有大致固定的路线的，只要连续观

测两三个月，就可以大致了解月亮在天球上行走的路线。循着月亮的行走路线，我们牢牢记住那条路线附近的星星，记住它们的前后顺序，我们就会发现，这条路线及附近的星星，在空中构成了一个封闭的圆环。

我们有时还能在上午或下午在看到太阳的同时也看到淡白的月亮，当然，那都是在月亮与太阳相距较远，阳光也不是非常强烈的时候。

五、不平静的天空

天空并不总是像我们刚才讲的那么平静，只要连续观察一两个小时，你总会发现夜空中时而有流星划过，转瞬即逝，那是什么星星呢？天空会因此少了一颗星星吗？古代的人一定非常好奇。

如果我们再用肉眼仔细一点搜寻夜空，还会发现，有那么几颗星星不同于众多的恒星，恒星总在不断地眨眼，但那几颗星星的光芒稳定而明亮。最初人们一定以为它们也就是群星中的一颗，但经过长时期的仔细观测，发现它们竟然在这布满恒星的天空背景下由西往东缓慢行走，有时候会走快些，有时候会走慢些，有时候还会停下，转身往回走上一小段，然后再停下，转身往前走，非常诡异。它们的亮度也有周期性的变化，人类在很早的时候就注意到了它们，把它们叫做"行星"。肉眼能够看到的这样的行星共有五颗，人们给它们分别起名为水星、金星、火星、木星和土星。图 1.15 就是在火星逆行时段的数月内每隔 7 天将火星的实际位置标注在星空中所得到的图片，我们清楚地看到火星运行的轨迹是多么奇怪。

经过长期的观测记录，你会发现，金星总是在太阳的两侧来回

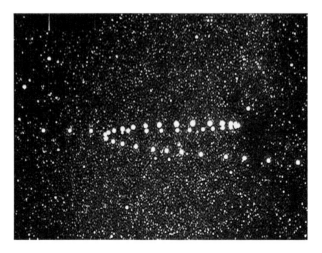

图 1.15　火星逆行轨迹

运动，像拴在母亲身边的孩子一样。当金星在太阳东侧的时候，我们会在傍晚的西边天空看到它，古代称为昏星；当它在太阳西侧的时候，我们会在早晨的东边天空看到它，古代称为晨星。当金星在太阳东侧达到最大角距离的时候，天文学上称为东大距；当金星在太阳西侧达到最大角距离的时候，天文学上称为西大距。金星和太阳的角距离永远不会超过 48 度，它在东西两大距之间来回运行的时候，都会从太阳身边经过，但那时我们无法看见它，因为太阳光太强烈了。水星的情况和金星非常类似，只是水星和太阳的角距离永远不会超过 28 度，而且水星在太阳两侧来回运动的频率远高于金星。

火星、木星和土星就是另外一种类型了，它们与太阳的角距离不受限制，当太阳刚从西边落山，它（如木星）刚从东边升起的时候，也就是它和太阳的角距离在 180 度左右的时候，我们可以整夜看到它，这段时间它也最亮。

水星和金星总是在由昏星过渡到晨星的那次从太阳身边经过的

前后时段出现逆行，火星、木星和土星则在与太阳的角距离靠近180度的前后时段出现逆行。

这些行动奇怪的"游荡者"，后面将会成为我们议题的主角，正是它们的神秘行踪，激发了天文学家们的强烈的探索欲。

如果幸运的话，你还可能在某个入夜时分，在西边地平线附近，或黎明前不久，在东边地平线附近，看到一颗带尾巴的星星，那尾巴总是指向背离太阳的方向。它就是著名的"彗星"，中国人俗称它为"扫帚星"，因为它有点像我们家里扫地用的扫帚。它从哪里来的，又会到哪儿去？它的到来又预示着什么？在古代的人来看，都非常神秘。

月亮每天都变化着它的容颜，尤其是十五的月亮，圆润皎洁，非常美满，但偏偏就是在这美满的日子，有时候会出现奇特的景象，一个不知从哪儿来的黑影慢慢地、悄悄地遮住了月亮，有时候是遮住了一部分，而后就渐渐退去了，而有时候会遮住整个月亮，月亮就变成了古铜色，过一段时间以后，黑影才会渐渐退去，一切又恢复了原样。这就是我们常说的月偏食和月全食，当月食发生的时候，大地上所有能看到月亮的地方都会在同一时刻看到。满月很明亮，但肉眼可以直视，所以它只要缺了一小块也很容易被发现，看到月食的机会不多，但也不算罕见。

在众多的天象中，最令人震惊的莫过于日食了，太阳是如此的光辉灿烂，如果它突然缺了一块，甚至整个没有了，这对于远古的人类来说，是多么可怕的事情啊！一个圆圆的黑影悄悄遮住太阳，如果只有小部分太阳被挡住，人们还不易察觉，如果大部分被挡住，天色就暗下来了，人们就会惊恐异常，甚至动物也会惊慌起来，如

果太阳被完全挡住，白天竟然变成了黑夜，天空闪耀着星星，仿佛世界末日。这就是我们常说的日全食，那无疑是人类凭肉眼所能看到的各种天象中最为神奇、最令人震撼的天象，即使是已经完全明白日食的原因，并且能准确预报日食的今天，看到一次日全食也会令人不由得啧啧称奇。除了日全食，还有日环食，日环食的时候，黑影比太阳小了一圈，无法挡住整个太阳，留下了太阳的边缘，形成了一个圆圆的金环。当然更多的还是日偏食，太阳仅仅被黑影挡住一部分。

总体来说，日食和月食发生的次数是差不多的，但由于人们无法用肉眼直视太阳，如果只有小部分太阳被挡住，人们不易察觉，所以会觉得日食很少发生。日全食发生的范围很小，如在北京看到了日全食，在南京却只能看到日偏食。

为什么会有日月食呢？这对于古代的天文学家来说是一个很大的谜。

六、用眼还需动脑

以上就是我们凭肉眼观察到的基本天象，应该说我们已经观察得够仔细的了，除了讲解了各种天象，还指出了许多天象的一般规律。对现代人来说，只要仔细观测，似乎不难发现这些现象和规律，但事实是：难，非常难！首先是难在"熟视无睹"，中国的这个成语非常准确地说明，许多熟悉的现象见得太多就会和没看见一样，有人一辈子几十年，见过无数次日出日落，但从来都没留意太阳每天的升起降落点是不一样，当然就更不会去想为什么不一样啰。人类不是一开始就会分析比较的，也不是所有的人都善于分析比较。

其次是，天体的运行非常缓慢，需要长时间的耐心和连续的仔细观测，如月亮悬挂在天空，你再怎么瞪大眼仔细看，一时半会儿也很难发现它在天幕上由西往东缓慢行走；许多天文现象的重复周期比较长，如太阳每天正午时刻的高度在周期性的缓慢变化，而这往往是通过长期观测树影等方法来发现的；还有的天文现象，甚至需要经过若干世纪的观测才能积累到足够大的数量，人们也才能通过分析比较发现种种天象发生的规律，如行星的运行周期。这些除了需要双眼观察，更需要智慧的头脑。

所以，仅仅是为了得到上述的种种观察结果，我们的祖先经历了非常漫长的过程，而我们前面的描述已经大大浓缩了这一过程。

现在，当我们用肉眼仔细地观察、熟悉了我们头顶上的天空以后，你的好奇心被大大激发了吗？你会有什么想法呢？你想知道这些疑问的答案吗？

当然，你可能早就通过课本或老师的讲解知道了那是怎么一回事，隐藏在种种天象背后的原因，对于你们早就不是什么秘密。可是你这样想过吗：仅凭肉眼的观测，哪怕是非常仔细的观测，难道就能看出大地是球形的吗？就能得出地球围绕太阳旋转的结论吗？那是什么样的眼光？需要什么样的智慧？

我们今天看到的天空，和远古的祖先们看到的天空，基本是一样的，是任何一个视力正常的人都能看到的。那就让我们来看看我们的前人是如何思考的吧！在跟随前人思考的同时，别忘了时常反问一下自己：面对同样的天空，我能想到这一点吗？

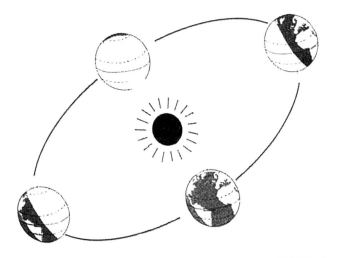

第二章

夜观天象为哪般

　　我们的祖先经过了漫长年代的观测、记录，逐步了解了各种天象及其规律。你会不会觉得，人类有必要这么仔细地观测天空吗？是什么力量促使一些人整夜整夜地观测天空呢？尤其是严寒的冬夜。总体来讲，有三大动力：人类日常生产生活的迫切需要、星占（俗称算命）及人类好奇的本性。

一、人类日常生产生活的迫切需要

　　做任何事情都离不开时间、地点，好朋友相约去看电影，必须告诉对方什么时间、什么影院，以及第几排第几号座位。人类在漫长的进化过程中，学会了采集、狩猎、打鱼、畜牧和农耕，到什么

地方去采集、狩猎、打鱼、放牧、耕种？什么时候播种，植物才能成活，才能有好的收成？到什么地方去狩猎？动物什么时候迁徙？往哪儿迁徙？河水什么时候泛滥？等等，这些都离不开对季节的预知、对方位的确定。为了记住久远的事情，为了交流，为了安排较长时间的活动，人们需要有历法。因此，确定方位和时间就成了远古的人类最迫切需要解决的问题，因为这个问题和我们的生活关系密切。

1. 方位的确定历程

最初的人类一定是利用地形地貌来确定方位的，在活动范围很小的年代，远处的高山河流甚至一棵大树都可以用来作为方位参照。随着人类活动交流范围的逐渐变大，高山河流就无法参照了，比如大山南边的人和大山北边的人相约到一个更远的地方去做某件事，如果还是按照大山作为参照就很容易发生混乱。崇山峻岭延绵不断，大江大河弯弯曲曲，该如何商定按什么方位共同行动呢？必须有一个遥远的、大家都能明显看到的、长期稳定的东西作为参照，日月星辰正好具备这样的条件：它们无比遥远，从来也没有人到过它们升起的地方，也没有人靠近过它们降落的地方；它们明显可见，尤其是光辉灿烂的太阳给整个世界都带来了光明；它们永远按时从一个方向升起，按时在另一个方向落下，非常有规律，也完全具有可预见性，经过长期的生活实践，人类逐渐学会了利用天象来确定方位。

这种利用一定有一个由粗糙到精确的发展过程。白天，太阳的升与落无疑是最好的参照，最初，人们只会笼统地将太阳升起的方向称为东方，将太阳落山的方向称为西方。但是，太阳的升降点是逐日移动的，随着观测越来越仔细，以及生产生活的需要，人们学会了根据特定日子（春分日、秋分日）的太阳出入方位来确定正东方和正西方，或者测出太阳升降点移动的两个极限位置，取它们的中点作为正东方和正西方。

经过长期的观察，人们还发现，不管太阳的升起降落点如何移动，正午时刻的太阳总是准确地指向正南方，人们可以通过观测正午时刻的太阳来辨别方向。

上面所说的两种方法，有很大的局限性，在实际生活中（如盖房子、筑祭坛）常常需要在任意一个地方精确地测定方向，但人们不可能只在特定的春分日或秋分日来测定方位，也不可能为了办一件普通的事而去进行一年以上的长时期的观测。此外，正午的太阳虽说肯定位于我们的正南方头顶上，但是古代人们缺少精确指示时间的仪器，也无法正视太阳，只有通过观测立杆的影子长短来判断正午时刻，而正午时刻前后，杆影长度的变化很微小，很难精确测定。

后来，有聪明人想到了利用一天中"杆影扫过平坦地面的图形是对称的"这一特性，在一块平坦的地面画一个大圆圈，见图 2.1，在圆圈中心立一根垂直于地面的直杆（O 点），上午总有一个时刻，杆影的顶部正好落在圆周上，做上记号（A 点），下午也总有一个时刻，杆影的顶部正好落在圆周上，也做上记号（B 点），把这两个记号点（A、B）连起来，这根线就指向正东方和正西方；取这连线（AB）的中点（P 点），然后过圆心（O）和这个中点（P）画一根直线，直线所指，就是正南正北。这就是中国古文《考工记》中所记载的先秦时期的匠人所采用的方法。哥白尼在他的《天体运行论》

中也提到了这种方法。

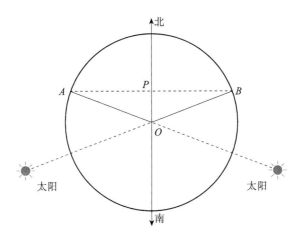

图 2.1　用立杆定方位

古埃及人修建的宏伟的金字塔，历经数千年，至今依旧巍然耸立，每座金字塔都有非常准确的方位，在没有罗盘的古代，要做到这一点，一定是使用了天文测量的方法。

夜晚，星空在永无休止地运转，但人们发现有一颗星星一直处在旋转的中心，只要是晴朗的夜晚，都能看到它永远固定在那个地方，人们称它为极星。这是夜晚最好的方向指示标记，人们把这个方向称为正北方，那颗星就叫北极星。

我们知道，只要确定了一个方向，确定其他三个方向就很简单了。我们不知道古代的人们究竟是先根据太阳的升落来确定正东、正西的呢，还是先根据正午时刻的太阳来确定正南的，或者是先根据北极星来确定正北的？也许不同的民族有不同的选择。很"巧"的是，不管先采用什么方法，所得到的另三个方位，与用其他的方法所得到的方位是吻合的，换句话说，根据正午时刻的太阳来确定的正南与根据北极星来确定的正北的连线，垂直于根据太阳的出入

来确定的正东、正西的连线，而两根连线的垂直相交点就是我们观察者的位置。在天文知识、宇宙理论和数学工具还很初级的古代，要想解释清楚这种"巧合"，还是很困难的。

2. 给时间起个名字

人类的生产生活离不开对空间方位的确定，同样也离不开对时间的划分和定位。划分时间好理解，定位时间是什么意思呢？所谓的定位，其实就是给时间起名字，制定历法的重要任务之一就是给时间起个名字。时间是永远连续不断的，不将时间合理分割，起上名字，人类的交流就几乎无法进行。

人们需要记住过去的事情，也要预测、安排以后的事情。假如有一天，有一个人问另一个人："你是什么时候出生的？"那人回答："我是5326天前出生的。"过了20天再问那个人，他得回答："我是5346天前出生的。"大家想想看，这该有多麻烦，每过一天就要给所有的事件加上一天，并记忆在脑子里，这简直是不可思议，也没有人能这么记事。

如果时间有了名字，那么任何一件事情，只要记住它发生在哪一天就行了。我们现在所说的"公元1949年10月1日""公元2014年1月1日上午10时"，就是那个特定时间的名字。给时间起名字远不像给孩子起名那么简单，首先需要有时间单位，其次需要弄清楚各个时间单位之间的关系。

太阳的东升西落，白天与黑夜的交替给人类提供了最基本的时间单位——"日"，以后其他的大于"日"的时间单位都要用"日"来丈量，而那些小于"日"的时间单位则是人们根据自身需要对"日"进行等分所得到的。

　　如果大自然就只给人类提供了这样一个时间单位，那会怎么样呢？不难想象，人类一定会根据需要创造出新的比较大的时间单位。不过大自然还是眷顾人类的，月亮的圆缺变化则给人类提供了另一个时间单位——"月"，而且这个单位的长短也恰到好处，方便计算和记忆。

　　一个月有多少天呢？只要认真地连续测算十来个月，就能大致知道，一个月少于 30 天，而多于 29 天，如果连续测算十来年，也就是一百多个月，取它们的平均值，那就会精确许多，这对于古人来说已经够用了，至于更加精确的数字，那还是需要更长时期很仔细地测量，如连续"数"上 4267 个月那会怎么样呢？那一定就精确得很了吧？后面我们会讲到，在公元前 2 世纪，古希腊天文学家就用非常巧妙的方法，连续"数"上 4267 个月，得到了一个"月"的非常精确的平均天数。

　　如果要计量更长的时间，仅仅有"日"和"月"还是不够的，天遂人愿，大自然又给人类提供了一个更长的时间单位——"年"。不过，如果说"日"和"月"的轮廓是比较清晰的话，"年"的轮廓就要模糊多了。

　　原始的人类对于气温变化一定是非常敏感的，北半球中纬度地区寒暑分明，从严寒到酷暑，再从酷暑到严寒，循环往复，与气温变化相对应的是：草木荣枯、开花结果、动物迁徙繁衍、河水定期泛滥等。尽管这些变化的周期较长，但是它直接关系到人类的生存，它们的一再重复，给人们留下深刻的印象，人们逐渐认识到这个周期，把这个周期称为"年"。人类一定是先从气温及物候的周期性变化中认识到"年"这个时间单位的，最初的人类可以不去注意日月星辰的长期缓慢的运动变化，但绝不能不注意气温及物候的周期性变化，因为它直接关系到人类的生存。

按理说，认识到"年"这个周期，有了"年""月""日"这三个时间单位，制定历法、给时间命名就应该可以进行了吧？假如一个"月"正好等于若干整数"日"，假如一"年"又正好等于若干整数"月"，那么制定历法给时间命名就确实是一件非常简单的事情了。可惜的是大自然似乎是故意为难人类，人类很早就发现，一个"月"的天数在 29 日和 30 日之间，到底多少，一时难以搞清，尤其是一"年"等于多少个"月"，又等于多少个"日"，更是难以测定，反正都不是整数。这就给制定历法带来极大的挑战，"年"关系到季节，关系到收成，与人类的生活密切相关，人类不能无视它的存在。精确测定"年"的长度，协调"年""月""日"的关系，是所有文明古国在制定历法时所面对的难题。

一年有多长呢？也就是说一年有多少天呢？最简单、最直接的方法，就是数一数。不过，要想数一数一年有多少天，比起按月亮圆缺来数一个月有多少天不知要困难多少了，以至于有一些发展进化比较缓慢的民族，在外来文化没有进入之前，从来都没有人数清过一年有多少天，只是知道草又绿了，或者又下雪了，或者果实又成熟了，那就是一年过去了。为了探索一年究竟有多少天，人类作出了长时期的艰苦努力。

从哪一天开始数呢？也就是说，把哪一天作为旧年的结束和新年的开始呢？这是个很大的困难，如果一个周期的起点、终点都无法准确定位，要想计算周期长度，误差可就太大了。人类首先是通过气温的周期性变化认识了"年"这个时间单位的，要数一数一年

有多少天，自然就会以气温为参照，从冷天数到热天再数到冷天，或者从热天数到冷天再数到热天，这样来计算一年的天数。可是，冷天或热天都是一个较长的时期，跨度达两到三个月甚至四个月，在其中选择哪一天作为一年的起点开始计数呢？从最冷的那天或最热的那天？可是，怎样在长达两到三个月甚至四个月的冬季或夏季中，确定哪一天是最冷或最热呢？很难办。此外，东西南北相距百里甚至相距千里的两个地方，最冷的一天如何统一？或许可以换个方法，以某一地为标准，从春暖花开的日子开始，如从桃花开放的第一天算起，这似乎可行些。当然还有许多其他的方法，如古埃及人就可能是从尼罗河开始泛滥的那天开始数的。

用这类方法数一年的天数，就会发现每年的天数不一样，有时还相差比较大。为什么呢？因为气温的局部波动较大，与气温相对应的种种自然现象也必然有较大的波动。那怎么办呢？一个月有多少天，一年有几个月，一年共多少天，有必要测得这么精确吗？对我们普通老百姓的日常生活来说，你不太会计较一年究竟有多少天，就单独的一年中，多一天少一天无所谓，对播种与收获来讲，也未必在乎这一天之差，可是积少成多，作为与人类生活密切相关且需要长期使用的历法来说，就不能无所谓了。假如一年少计了一天或多计了一天，三五十年后，月份和季节就会发生错乱，许多特定日子的天象就会发生错位，所以历法需要月和年的长度尽可能精确。

人类的生产生活必须要有历法，人们不可能等到获得了精确的数值以后才制定历法，而只能是边制定边检验边调整，比如说吧，最初可能选择某年的一个桃花开放的日子开始计数，360天后，桃花又开放了，那就假设一年是360天。前几年大家感觉还行，但随着时间的推移就会发现，新的一年开始的那一天离桃花开放的日子越来越远了，显然，以 360 天为一年偏小了，小多少？不清楚。那么就将一年的天数调整为 370 天吧，前几年大家感觉也还行，但随着时间的推移就会发现，桃花开放的日子已经过去很久了，而新的一年才开始，显然，以 370 天为一年偏大了，大多少？不清楚，但粗略的界限有了，一年的天数应该在 360 天和 370 天之间，那就再选择 360 与 370 之间的某个数来试试吧。

可以认为，这一定是人类最早用来测算一年有多少天的办法，所以，最早产生的历法，我们称为物候历，即通过长时间的动植物成长的循环和寒来暑往的变迁而得出的确定季节的经验性历法。用这种方法，必须经历足够长的年代（数百年甚至上千年），才有可能将一年的天数精确到 365 天至 366 天之间。

历法就是一个不断调整、检验、再调整的过程，直至今日都是一样。什么时候需要调整呢？一是历法在使用的过程中，由于日积月累，误差逐渐显现，影响到人们的生活，那就得调整了；二是理论上或技术上有了进展，有了突破，为调整提供了更精确的数据。在远古的时代，发现四季变换实际上是太阳的周期运动所造成的，这无疑是那个时代历法理论与技术的重大突破。

是谁首先发现四季变换实际上是太阳的周期运动所造成的呢？我们已经无从知晓，因为远在人类还没有发明文字的史前时代，世界上的几大文明发源地在相互很少交流的情况下，都先后认识到季节的变化是与太阳的运行密切相关的。但可以相信，这个发现一定和古代有人长期观测太阳的运动有关，而且这个发现一定经历了极其漫长的年代。发现了太阳东升西落路线的周期性变化，就会试图

测算这个周期的长度，随着测量方法的改进，精度会越来越高，天文学家发现，太阳东升西落路线变化的周期也在 365 天左右，这和通过长时期的观测动植物成长循环和寒来暑往的变化周期所求得的天数是相吻合的，太阳运动和四季变化的关联就得到了证实。

这个发现是人类认识自然的一大进步，因为人们找到了四季变换的本质。气温的波动不管多大，总是和太阳的运动保持特定的关联，是太阳左右着气温的总体变化，而太阳的运动非常有规律，也非常稳定。通过对太阳运动周期的观测来确定一年的长度，远比用气温为参照或者用与气温有密切关联的自然现象为参照来确定一年的天数要精确得多、方便得多了。

中国古代的商朝，就已经具备利用圭表来测定太阳正午时刻影长的知识，影长最大时为冬至，最小时为夏至，居中时为春秋分，这证明当时的中国人已经完全认识到"年"与太阳的关系了。从冬至日到下一个冬至日，或者从夏至日到下一个夏至日，就是一年。用这种方法可以相当精确地测定回归年的长度。

圭表是我国古代度量日影长度的一种天文仪器，由"圭"和"表"两个部件组成，原理很简单。直立于平地上测日影的标杆或石柱，叫做表，正南正北方向水平放置的带有刻度的平板，叫做圭，两者组合就可用来测定每天正午时刻太阳的影长。图 2.2 就是紫金山天文台里的一座圭表的照片。

使用立杆测影的办法来确定冬至日和夏至日，相对于通过观测太阳升落点来确定冬至日和夏至日更为普遍些，为什么呢？山区自不必说，观测日出日落很不方便，即使是平原地区，同一个地方，在一年之中，能够完整看到太阳升起或落下，也远没有在正午时刻

图 2.2　圭表

看到太阳的机会多。这是由于靠近大地的水汽和灰尘较多，即使是晴朗的日子，太阳升起或落下的时候，地平线上，也常常是云雾茫茫。此外，尽管清晨或傍晚，太阳不那么耀眼，但凭肉眼或简单的仪器来测定太阳的位置还是很不方便，很难掌握。而用立杆测影的办法，相对于早晚来说，观测的机会多，中午的阳光强烈，影子也就清晰，很方便观察和丈量。

此外，用圭表测定冬至要比测定夏至更方便些，因为夏至正午的杆影很短，夏至前后数日的变化极小，例如，一根 4 米高的杆子，在夏至前后相邻两天影长的变化只有 0.3 毫米左右，在冬至前后相邻两天影长的变化有 0.8 毫米左右，相对好辨别，所以中国古代更多地关注冬至测影，"年"的起始点也选择在冬至（图 1.6）。

中国古代的西周（约公元前 10 世纪）以前，人们就注意到星空与季节也是相关联的，"日中星鸟，以殷仲春；日永星火，以正仲夏；宵中星虚，以殷仲秋；日短星昴，以正仲冬"。大意是说，黄昏的时候我们看正南方的天空，如果是"鸟"星（相当于现代星座中的长蛇座）在空中，就是春天，如果是"火"星（即天蝎座 α 星）在空中，就是夏天，如果是"虚"星（即宝瓶座 β 星）在空中，就是秋天，如果是"昴"星（相当于现代星座中的金牛座）在空中，就是冬天。

或者在黄昏的时候观察北斗七星，北斗七星是北部天空比较明亮的星，七颗星构成的图案类似人们日常使用的舀水的水斗，古书《鹖冠子》上说："斗柄东指，天下皆春；斗柄南指，天下皆夏；斗柄西指，天下皆秋；斗柄北指，天下皆冬。"图 2.3 就是把北斗七星的四个指向组合在一起的示意图，将图平举在头顶与星空对照，图中方位是：左西、右东、上南、下北。

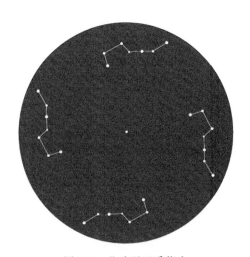

图 2.3　北斗星四季指向

到了春秋战国时期，中国人就已经能按一年等于 $365\frac{1}{4}$ 天来制定历法。

古埃及人生活在尼罗河下游的两岸，尼罗河河水上涨、泛滥，覆盖它流经的大地，当水退去之后，植物的栽种就可以开始了，随后是生长和收获的季节。这个现象周而复始，古埃及人大概就是由此认识到"年"这个周期的。

天狼星是天空中最亮的恒星，古埃及人发现，每当太阳和天狼星几乎同时升起的那一天，也就是所谓天狼星偕日升的那一天，尼罗河水就要泛滥了。于是古埃及人就把天狼星偕日升现象作为调整（宗教的而非行政的）历法的重要依据，把"年"的长度与太阳在星空中的运行周期联系在了一起。

古代欧洲人也发现了季节与太阳的关系，他们利用天然的或人工建造的标志，观测日出日落点的移动，确认太阳最北和最南的出没点，来测定回归年的长度，如英国南部的威尔特郡（Wiltshire）有一座据学者研究在公元前两三千年建造的巨石阵（Stonehenge），就具有这样的功能。图 2.4 为巨石阵的照片。

美洲亚利桑那的霍比人有一个古老的传统，每年，当太阳落入地平线的地点接近最南端的冬至点的时候，他们就要开始为期九天的庆典活动。这也说明他们已经认识到"年"与太阳的关系。

不过对于古代生活在中东地区幼发拉底河和底格里斯河流域的人来说，对"年"的认识要困难得多，那儿属于热带沙漠气候，没有明显的四季变化，而冲积形成两河平原的幼发拉底河和底格里斯河又没有尼罗河那样一年一度的涨落规律，所以古代两河流域的人几乎就是完全依靠对星空的观测来确定"年"的长度的，黄道十二

图 2.4　巨石阵

宫及率先在计时中采用 60 进制等，都是古代两河流域的人对天文学的重要贡献。

　　通过对太阳运动周期及星空的长期观测，就可以比较精确地测定"年"的长度，随着"月"和"年"的数值越来越精确，历法在经过不断调整后也就变得越来越精确完善。

　　当然还有一个问题是需要解决的，由于"月"不是"日"的整数倍，"年"也不是"月"和"日"的整数倍，而实际生活又必须要使一个月的日数是整数，一年的月数、一年的日数也是整数。怎么办呢？那就只有让一个月的日数有多有少，一年的月数有多有少，一年的日数也有多有少，如我们现在所使用的日历中，一个农历月有时是 29 天，有时是 30 天；农历年有时是 12 个农历月，有时是 13 个农历月；公历年有时是 365 天，有时是 366 天。但这样安排的最终结果必须要确保在尽可能短的时间段里，一个月的日平均数、一年的月平均数和一年的日平均数等于月和年的精确数。显然，如果只考虑月和日的关系，不考虑年（如伊斯兰教历），或者只考虑年和日的关系，不考虑月（如现在国际通用的公历），安排协调就相对简单，而如果三个关系都要考虑（如中国的历法），难度就大多了。

人类很早就学会了调整"年""月""日"的关系，古代巴比伦人在公元前 4 世纪就确定 19 年 7 闰，就是说，19 年里，有 12 年是每年 12 个月，有 7 年是每年 13 个月。中国人在先秦时期就已经采用 19 年内设 7 个闰月的置闰法则。

由于月除以日、年除以月或日都是无限不循环小数，所以人类对月和年的测量，是没有终极答案的，只能是一个趋于精确的过程，也是一个无限接近终结答案的过程。与此相对应的历法，同样就是一个不断调整、不断完善的过程。

3. 时间等分之路

生产和生活不仅需要大于"日"的时间单位，还需要更精细的小于"日"的时间单位。这就需要人类自己来分解"日"，不难想象，最初的划分一定是简单的，根据白天黑夜的交替，可以把一天分为两部分，然后又有了上午下午、上半夜下半夜之分，再往后呢？是接着 8 等分、16 等分，乃至 32 等分、64 等分吗？这个问题一定让古人费了很大脑筋。在中国的历史上，就曾经有过 16 时制、12 辰制、百刻制等，其中 12 时辰最为大家熟悉。在古代埃及，人们曾经把白天和夜晚各分成 12 小时。古代印度则将一天分为 60 分。

这儿我们看到一个有趣的现象，那就是各古代国家在等分一天的时候，大多数都不约而同地选择了 12 或 12 的倍数，这是为什么呢？古人没有留下相关的纪录，我们无法确切地知道为什么，但是有一些猜测是比较有道理的。

太阳围绕大地转一圈就是一天，等分一天和等分圆周似乎有着内在的联系，圆是一种最常见也很容易画的几何图形，用圆的半径去截取圆周，就能很方便、很精确地将圆周分成 6 等份。把等分圆周的 6 个点及圆心连起来，可以得到 6 个完美的等边三角形。在 6 等分圆周的基础上再进行 12 等分也是很容易的，12 等分中也就包含了 4 等分。把一个圆 4 等分、6 等分和 12 等分，就可以很方便地得到直角、2/3 直角、1/2 直角、1/3 直角，这几种角度在几何学上有着特殊的意义。所以有理由认为，各文明古国在等分"日"的时候，不约而同地选取 12 或 12 的倍数，应该不只是一种巧合。

时间是个看不见、摸不着的东西，用什么办法可以等分时间呢？也许有人会说："用钟表呀！"千万别笑话这样的回答，没错，要等分时间就得用钟表，没有钟表，等分时间就是一句空话，但问题是你首先得发明钟表，在遥远的古代，人类还远不可能发明出今天我们常见的钟表。当然办法还是会有的，那就是对天体运动的观测，日月星辰东升西落，运行非常均匀，走相同的角度所用的时间几乎完全相等，观测它们的运动来给时间定位是再好不过的了。不过阴雨天和夜晚就不方便，于是人们就寻找或发明一些均匀变化的东西，如一支香的燃烧是比较均匀的，从一个盛水容器的小孔中滴出来的水是比较均匀的，人们就此发明了"漏壶"等计时工具，它们就是古代的钟表，人们用它们来等分时间。

经过合理的等分，人们创造出了更精细的时间单位：小时、分钟、秒。

不过还有一个需要解决的问题：日与日之间、月与月之间、年与年之间都是一个连续不断的过程，中间没有自然的分界线，就像圆周没有起点和终点，但实际生活又需要分清昨天、今天、明天、后天，需要明确月或年始于何时、终于哪刻，这其中给"日"进行分界是最关键的。新的一天从什么时刻开始呢？人是白天活动的动物，早期的人类一定是从天亮开始算新的一天的，即使现代，人们在心理上及生活习惯上还是把早上起床作为新的一天的开始。但是精确到早上的几时几刻呢？北京的冬天，早晨7点左右天亮，那就以7点为准吧？可是到了夏天，早晨4点钟天就亮了，总不能把后面的3小时还算在昨天吧？这多别扭。反之也一样，如果以早上的4点为分界线，那冬天就会感到很不习惯。

太阳每天升起的时间都不一样，在早晨找不到合适的时刻可以给"日"分界。天文学家通过长期的观察发现，不管是冬天还是夏天，太阳在到达我们头顶最高处的时刻，也就是正午时刻，永远都很准确，这就为划分"日"与"日"提供了很好的参照点。但是，如果真这样划分肯定会给实际生活带来很大不便，更加不可行。于是，天文学家选择了和正午时刻对应的半夜时刻作为一天的结束和新的一天的开始。现在，全世界都是这样划分的。

能给时间空间定位，有了方位与历法，时间有了通俗易记的名字，人类才有可能在更大的范围内进行交流，可以进行各种复杂的集体活动，如采集储备果实、狩猎、打鱼、畜牧、耕种、搞大型建筑工程及战争等。随着社会的发展进步，对历法的精度要求也越来越高，这又要求天文学家们对太阳、对星空进行更为仔细的观测、分析，制历必先测天，历法的优劣也需通过观测天体来检验，人类的日常生产与生活的迫切需要推动着天文学研究不断地往前发展。

二、领悟上天的意旨

1. 星占的传说

浩瀚的天空对远古的人类来说，充满了神秘，风雨雷电在天上，日月星辰在天上，种种不同寻常的罕见天象，尤其是月食和日食，更使他们感到惊讶、恐惧、敬畏，他们无法作出科学的解释，几乎是本能地感到或者说相信，天空是神灵的所在，各种奇异的天象是和人类社会的种种现象密切相关的，它们是人类、国家乃至个人祸福吉凶的征兆，人类本能地希望能预先知道自己的命运，进而掌握自己的命运，至少也要能够躲避厄运。

在科学技术很低的古代，受知识和视野的局限，极少有人可以摆脱神灵、命运等观念的束缚。于是夜观天象，"领悟"上天的意旨，作出吉凶祸福预测，成了一种专门的学问和职业。例如，古巴比伦流传一种算命天宫图，现存的算命天宫图遗物至少有六件，其中标记年份最早的一件是公元前 410 年，它记录了某一个人出生时刻的天象：月亮，位于天蝎之角的下方；木星，位于双鱼宫；金星，位于金牛宫；土星，位于巨蟹宫；火星，位于双子宫；水星：不可见。

在星占家那儿，各种各样的天象都有基本的"判词"。例如，月亮从地平线升上来时出生者，一生充满光明和幸福，成长过程一帆风顺，且又长寿；火星从地平线升上天空时出生者，幼年即遭伤害，并将染病夭折；若出生时刻适逢木星从地平线升起而火星恰没入地平线，则此子将是幸运儿，但其妻会先他辞世；等等。再如中国古代对于五大行星在运行中经过或停留在二十八宿和其他星官处，也被赋予整套的星占学意义，如果火星运行至心宿时，恰好发生现代天文学称之为"留"的现象，就被称为"荧惑守心"，"荧惑守心"在中国星占学理论中被视为极大的凶兆，有皇帝死，天下大乱之类的说辞。

我们现在无法知道古代的星占家是怎么将人世间的祸福吉凶和某种天象挂上钩的，可以想象，尽管那是一种迷信，但或许也会有一定的"理由"。例如，最初某次日食前后不久，部落里的某个首领死了，其他人就可能把这件事和这一天象联系起来，他们误认为这其中有因果关系，于是记录下来，形成了"判词"。当然其中自然也少不了星占家的附会、发挥和"灵活运用"。

星占的目的，主要是对国家、族群命运作出预测，如自然灾害、农牧渔业丰歉、战争胜负、帝王安危等，普通民众也有"参照"执行的，如建房造屋、婚丧嫁娶可否进行等，世界上所有的国家都流传着许多关于星占家的神奇传说。

中国人最为熟悉的，大概要数《三国演义》中的诸葛亮"病死五丈原"的故事了，书中写道："是夜，孔明令人扶出，仰观北斗，遥指一星曰：'此吾之将星也。'众视之，见其色昏暗，摇摇欲坠。"诸葛亮的老对手司马懿也懂天象，书中写道："却说司马懿夜观天文，见一大星，赤色，光芒有角，自东北方流于西南方，坠于蜀营内，三投再起，隐隐有声。懿惊喜曰：'孔明死矣！'"这种"地上一人，天上一星"的观念，即来源于古代星占学。从此以后人们就将名人伟人之死说成"巨星陨落"。

在中国古代书籍《晋书·张华传》中讲了这样的故事：西晋初年，东吴尚未灭亡，天上二十八宿的斗、牛两宿间常有紫气，星占

家认为这是东吴还很强盛的征兆，因为按照中国古代对星空的划分，斗宿、牛宿对应的正是吴越之地，但西晋高官张华不以为然力主灭吴。不久东吴被灭，那紫气却反而更加鲜明，这证明了斗、牛两宿间的紫气，肯定不是东吴还很强盛的征兆，但那是什么原因呢？张华听说豫章人雷焕精通天文星占之学，就悄悄向他请教。雷焕说那是"宝剑之精上彻于天"，具体地点在豫章郡丰城县。张华身居高位，就设法将雷焕任命为丰城县令。雷焕到任后，立刻在县监狱的房基下掘地深达四丈有余，得到宝剑两把——就是古代传说中大名鼎鼎的"龙泉""太阿"两剑。这天夜里，斗、牛之间的紫气就消失了。

南京是中国的古城，又名金陵，传说在秦始皇的时候，有人献言，说根据观察天象，对应的东南方向有王者之气，这显然是对秦朝的极大威胁，于是秦始皇派人铸了一个小金人，埋在南京某处地下，并传言出去："不在山前，不在山后，不在山南，不在山北，有人获得，富了一国。"这样，诱使寻金的人在山的前后南北到处开凿深挖，凿断山脉破坏了南京地区的风水地形、王者之气，所以南京又名金陵。

南京有一条河，叫秦淮河，传说当年秦始皇统一了中国，总想着怎样让江山永远传承下去，有人奏报说："草民夜观天象，见金陵有王气出没，必是有龙脉存于此处。""哦，此话当真？""草民不敢妄言，龙脉处五百年后必出王者。"秦始皇问道："你可有化解之法？""可在此处开凿一河流，以断此龙脉。"于是秦始皇派人在南京开挖了一条河，算是断了南京的龙脉。因为此河是秦始皇所开，所以叫秦淮河。

这只是两个传说而已，但巧合的是，中国历史上凡在南京建都的王朝，都是短命的，三国时的吴、东晋，南北朝时的宋、齐、梁、陈四国，都是小王朝，时间都比较短。明朝朱元璋在南京建都，朱元璋死后皇太孙朱允炆即位，年号建文，即明惠宗。但是不久，朱允炆就被自己的叔叔朱棣用武力推翻了，朱棣将国都搬到了北京，所以南京的明朝也属于短命的。后来的太平天国、国民党政府都在南京建都，时间都不长。

在欧洲也有很多关于星占的传说。

尼禄（Nero）是古罗马著名的暴君，乖戾凶残，恶名昭著。他的母亲阿格丽品娜（Agrippina）曾请星占学家为其子尼禄算命，星占学家告诉她：尼禄可以当上皇帝，但他当上皇帝之后，却会杀死自己的母亲！阿格丽品娜当时表示说："真要是能做皇帝，杀就杀吧。"后来她竟然真的被尼禄下令杀死了。

星占学家曾预言，罗马皇帝图密善（Domitian）（又译多米提安）皇帝将来必死于刀剑之下，后来，出现了一个更为明确的预言：皇帝将死于公元96年9月18日。这位皇帝原本就非常迷信，自此惶惶不可终日。为防各种可能的刀剑之灾，他从17日起就招集卫兵，严加戒备，等待着那个"月亮运行到宝瓶宫，沾上血污"的时刻到来，同时，皇帝对预言者耿耿于怀，他下令将传播预言的星占学家唤来，问他能否知道他自己将会怎样死去，星占家回答说，他知道自己将被狗撕成碎片，皇帝下令将他处死，并用火焚烧尸体，偏让他换个死法，谁知就在焚烧的时候，一场突如其来的雷雨浇灭了火堆，而一群野狗却跑来将尸体吃了。18日这一天，图密善皇帝度日如年，希望时间快点过去，最后时刻，他不断地叫仆人去察看

时辰是否已到，最后这个仆人不胜其烦，就报告说时辰已到，于是皇帝如释重负，前去洗澡。这时一个打算谋杀皇帝的阴谋者，问皇帝是否要在洗澡时听他朗读一些东西（休息时听人朗读是罗马贵族社会中流行的做法），皇帝接受了他的殷勤，结果这个阴谋者却拔出一把短剑，在浴室中刺入皇帝的胸膛，图密善皇帝最终还是死在刀剑之下。

法兰西国王亨利二世的王后曾将法王生辰用假名请星占学家推排算命天宫图，星占学家预言此人将死于决斗中，王后闻之大笑，心想还有谁敢向国王挑战或要求决斗吗？后来法王与其卫队长在为女儿的结婚庆典而举行的比武中，被苏格兰卫队长的断矛刺入面甲缝中（那时武士从头到脚皆有铁甲遮护），伤了头部，10 天后便去世了，终年 40 岁。

这些关于星占学家的传说与故事，真假也好，巧合也罢，都说明古代的帝王都高度重视星占活动。

2. 星占学家的贡献

在我们大多数人的心目中，星占学与天文学两者显然是根本不同的东西：前者是迷信，而后者是科学，迷信的思想和行为只会阻碍科学的发展，怎么可能成为天文学的推动力呢？

我们经常会说"古代天文学家"，其中就包括很多的星占学家，甚至可以说其中绝大多数都是星占学家，我们之所以也把他们称为天文学家，主要是因为星占学家确实也在研究天文，虽然他们观测天象的目的主要是预测吉凶祸福，也不关心天象背后的真实原因，但至少他们必须时刻关注、测量、记录各种天象，研究天象的规律，这是他们从事星占学活动必不可少的工作。例如，刚才所说的算命天宫图，要做这样的记录，或者日后推算某个时刻的天象，没有天文知识是绝对不行的，某种天象是否按星占学家的预测准时发生，也是检测星占学家"水平"高低的标准。

中国唐代大星占学家李淳风根据新校订的历法，推算某日当有日食，唐太宗听后不高兴，因为日食对君王是凶兆，太宗问李淳风，要是届时日食不发生怎么办，李淳风表示，如果预报不准，甘当死罪。于是到了那天，唐太宗和他一起在庭中等候，许久未见日食，唐太宗认为李淳风的预报已经失误，就对他说：朕放你回家去和妻子儿女诀别一下吧。李淳风却并不惊慌，说是时刻还未到。他在墙上画了一条线，说日影移动到此线时日食就发生，结果他的预报"不差分毫"。

或者也可以这样说：星占学的目的是迷信的，但它的基础却不能不是"科学的"，星占学家观测和研究的方法也不能不是"科学的"。在现代天文学尚未产生的时代，古人之所以孜孜不倦、年复一年地记录大量天象观测资料，星占学的需要可以说是最重要的原因。

天文学和天文学家，在很大程度上是一组现代的观念，古代则只有星占学和星占学家，当然其中也确有极少数人，他们观测天象的目除了预测吉凶祸福外，也同时关心天象背后的真实原因，如古希腊的托勒密（Ptolemaeus，约公元 90—168）、中国古代的张衡等。

在古代，星占学曾经哺育了天文学的萌芽，积累了天文学知识，这一现象无论在西方还是东方世界都无例外。早期的天文著作大多带有占星术的因素，在欧洲直到文艺复兴时期及之后的两三百年，星占学家和天文学家还是无法区别的。

星占学为后世留下了大量的天象观测记录，一些变化周期很长的天象规律，就是后人在对前人详细的观测记录资料的分析中发现的。例如，在古巴比伦，有一群专门从事观天的星占学家，他们时刻关注着天上的一举一动，当发现不同寻常的天象时，他们将其解释为上天对国王和民众发出的一个灾祸的预先警告。经过7个世纪左右的持续观察、记录，积累成册，形成了一系列占辞表，这样的表共有70多个，包含了约7000个征兆。细心的星占学家渐渐发现，有些他们原本以为偶然的天文现象，不断地重复出现，通过分析这类重复的现象，太阳、月亮和诸行星运行的周期——也就是规则——逐渐被识别和确定了。

中国古代丰富的天象记载大多都是古人为了星占动机记录下来的，它们成了宝贵的历史遗产，而且对于解决当代某些重大天文课题具有很高的学术价值。对于天文学研究的许多方面而言，年代久远的观测记录资料特别可贵，因为天文学研究的对象，其变化在时间跨度上都极为巨大，远非个体生命可比，后人的研究无不求助于古代的观测记录。

此外，很多宗教活动也需要知道确切的方位与时间，如确定建造庙宇的朝向，重要的宗教仪式、祭祀活动的日子和时刻的选择，而这些如果没有天文知识那是办不到的。

如果人类没有"算命"的需求，天文学的发展很可能会慢得多吧？所以，人类的这种社会心理的巨大需要，也是推动天文研究、促进天文学发展的重要动力。

就是到了21世纪的今天，我们依然可以看到星占的遗迹，很多年轻人都知道自己所属的星座，有的还非常关心本星座的"运势"。

用一个人出生时刻的天象来预言他一生的命运和性格，这种观念就来自遥远的古代。当然现在多数年轻人也就是觉得好玩而已，并非完全当真。

三、纯属好奇

确定方位、预测季节、制定历法及占卜算命，都有着很明确的实用目的，都是人类的实际需要，是推动天文学向前发展的强大动力，但是如果一切从实用出发，也仅仅从实用出发，人类就不会去思考那些在当时看来是毫无用处的东西，就不会去追寻隐藏在现象后面的真实原因，天文学终究会慢慢停下脚步，不会再有突破性的发展。所以推动天文学往前发展的还有第三个主要动力，那就是人类与生俱来的好奇心。好奇心是科学知识的主要起因，而这一点在天文学上表现得尤其明显，对宇宙结构进行的探索主要就是起因于人类的好奇心。

浩瀚而神秘的天空除了令人惊讶、战栗、敬畏以外，也同样令人无比好奇，天有多高？地有多大？天上有什么？地是方的还是圆的？地下有什么？太阳是个火球吗？月亮为什么会改变模样？月亮上面有什么？为什么会有月食日食？日月星辰是怎么从我们的地下钻过去的？等等，人们不知道这是为什么，但又非常想知道这究竟是为什么。因为好奇而追问、思考，因为想不明白而要去探索，这是人的本性使然。

古希腊哲学家亚里士多德（Aristotélēs）说，求知是人类的本性，古往今来人们开始哲理的探索，都起源于对自然万物的惊异。他们先是惊异于种种迷惑的现象，逐渐积累一点一滴的解释，对一

些较重大的问题，如日月与星的运行及宇宙的诞生，逐步地作出说明。一个有所迷惑与惊异的人，每每自愧愚蠢，他们探索哲理只是为了摆脱愚蠢，显然，他们为求知而从事学术，并无任何实用的目的。

是啊，天有多高？地是方的还是圆的？日月星辰是怎么从地下钻过去的？……知道这些与不知道这些，对于古代的人类生活有什么影响吗？即使是到了五百多年前，探索究竟是太阳围着地球转还是地球围着太阳旋转，与生活有什么相干呢？甚至今天也是一样，研究宇宙究竟是否诞生于一次大爆炸，还是根本就无开始无终结？宇宙中有没有黑洞？等等，对于现在的我们，似乎是没有任何用处，对于今后，可能也不会有什么实际的用处。但是好奇心却驱使着人们努力想知道这一切，驱使着人类去探索所有未知的世界。

古今中外许许多多著名的科学家，他们在某个领域辛勤探索，作出了很大的贡献，其初始的原因大都出于好奇和兴趣。一代代天文学家对宇宙结构的苦苦追寻，就是这方面最典型的例子。

著名科学家爱因斯坦在他所爱戴的长辈普朗克60诞辰庆祝会上所做的演讲中曾说，许多人爱好科学，是因为科学给了他们异乎寻常的智力上的快感，对于这些人，科学是一种特殊的娱乐。

2002年8月21日，在中国少年数学论坛上，92岁高龄的著名华裔数学家陈省身为活动题词："数学好玩"（图2.5）。他也曾多次在有人问他为什么终生研究数学时回答："好玩。"

华人物理学家，诺贝尔奖获得者丁肇中，他领导的阿尔法磁谱仪（AMS）实验项目，在国际空间上探测宇宙中的暗物质和反物质。有人问他，暗物质看不见、摸不着，有什么用呢？为何要研究宇宙

图 2.5　陈省身题词

的起源，这对世界、人生有意义吗？丁肇中回答："我也不知道我的研究有什么用，我做这项工作就是为了满足好奇心。"

科学的原动力是人类的好奇心，人类需要"胡思乱想"，好奇是人类的本性，理解是生命的乐趣。有好奇才会去"胡思乱想"，有闲暇才有时间去"胡思乱想"，有自由才敢于"胡思乱想"，没有"胡思乱想"，就不会有"奇思妙想"。激发青少年的好奇心，鼓励他们去"胡思乱想"、去创新，这对于国家的发展进步至关重要。

天文学——其他许许多多学科也是一样——就是在生产、生活及社会的实际需要中，更是在好奇心的驱动下，一步一步地向前发展的。

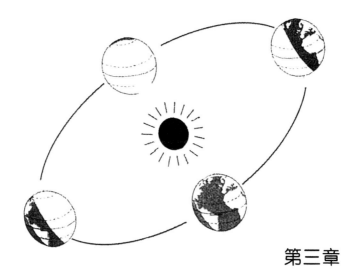

第三章

日月星辰的秘踪

设想一下，如果你是一位生活在远古时期的人，每天仔细地观测日月星辰，会有什么感想呢？是震撼、好奇，还是疑问重重？

天空是如此浩瀚神秘，最简便的方法莫过于把这一切推给神灵。但是我们看到，即使是在远古的蛮荒时代，依然有人在不懈地追寻着真相。经过无数"智者"的思考、分析，一些相对简单的问题有了较为合理的答案，历史上各文明古国在互相交流很少的情况下都先后得出了一些基本的推断，这些结论对于其后的研究至关重要。

需要告诉读者的是：如果说前两章的叙述属于一说就懂的话，那么后面的讲解则需要你跟着一起思考，发挥空间想象力，才可以跟上古代天文学家的步伐，和他们一起去追寻世界的真相，探索科学的真理。

一、星星躲到哪儿去了

每天早晨，随着曙光的出现并逐渐增强，原先璀璨的星光渐渐暗淡、消失；当落日的余晖渐渐淡去，夜幕慢慢降临，天空便逐渐重新显现出一颗颗星星，明亮璀璨。古人一定很好奇，星星在白天的时候躲到哪儿去了呢？如果有一个人对大家宣布说"白天也有星星"，人们一定会感到非常的惊讶吧？

是谁，在什么时候发现了白天也有星星的呢？我们恐怕永远无法知道了，因为在有文字记载以前，人类就知道了白天也有星星，在那遥远的古代，这实在是一个非常了不起的判断。

这个判断一定来自长期对星空的观测，古代的天文学家（或者叫星占家），在熟悉了天空所有的能够看得见的星星以后，有人就会想到，天空中那些永远保持着固定位置，并且按同样的均匀的角速度旋转的璀璨群星，是不可能在白昼来临时突然消失掉，又在入夜后突然回到各自的位置上去的。因为，每个早晨，随着天色渐渐变亮，满天的星星不是突然消失而是渐渐隐去，每天黄昏，随着夜幕降临，星星也不是突然出现而是逐渐显现的，它们的光亮和辉煌的太阳相比太微弱了，应该是被太阳的万丈光芒所掩盖，就像远处的篝火在白天也几乎看不见一样。

于是他们有理由相信，那些星星应该还在天上，而且和晚上看到的一样，以同样的速度在缓缓地由东向西移动，只不过因为太阳光太亮，人们无法看到这些星星及它们的移动。

冬天，白天的时间较短，夜晚的时间较长，人们可以发现，在黎明前不久从正东方附近升起的星星，到了夜幕降临的时候，会出现在离正西方地平线不远的地方，这正是它运行了一个白天所应该到达的地方。正北方那些永不落入地平线的星星也是一样，曙光来临，它们渐渐隐去；夜晚降临，它们又渐渐显现，而且位置都发生了变化，在人们无法看见的时间里，它们都围绕北极点旋转了约半个圆。这些都说明不管是白天还是夜晚，星星都在它各自的位置上沿着各自的轨道旋转，永不停息。更有说服力的是日全食的时候，在日全食发生的那一小段时间里，天空如同黑夜，人们亲眼看见了天上的星星，而且是根据推算应该在那个时刻运转到那些位置的星星，它们就在太阳的附近！这就直接证明了白天确实是有星星的。

同样是在冬天，人们还会发现，每天入夜后缓缓落入西方地平线的星星，会在黎明前从东方地平线升起，而且依然保持原来的相对位置。"躲"到地下的星星会是什么样？它们是怎么从地下穿过去的，又是怎么保持原来的秩序的？同样的问题还有太阳和月亮，它们从西边落下又从东边升起，它们是怎么从地下穿越的？人们难以想象，无法理解。

尽管是这样地不可思议，古代那些关注天空的人通过长期的观测，还是认识到每个星星都有它自己的固定位置，不管是白天或是落入西边的地平线下，它们都依然在它们各自的位置上。

肉眼可见的星星，天文学家们已经非常熟悉，就连许多普通民众也能辨认出其中主要的亮星，不计其数的星星构成了一个近乎完整的封闭的圆球，于是一个全天球的概念在某些天文学家脑海中形成了，这就是：在夜晚的某个时刻，当我们看到半个天球上的星星时，另外半个天球上的星星应该就在大地的下面，地上的"天"和

地下的"天",这两个半圆球壳构成了一个完整的圆球,这个天球作为一个整体在围绕着一根看不见的轴线旋转,这根轴线就是我们观察者与北极点的连线,地上的星空由东往西转,地下的星空则由西往东转,所以,落入西边地平线下的星星才会从东方的地平线下再升起。由于这种旋转,我们只需连续观察一个夜晚,就能看到超过半个天球的星星,连续观察数月,就能看到近乎完整的圆球形天空的所有星星。图 3.1 为圆球形天空示意图。

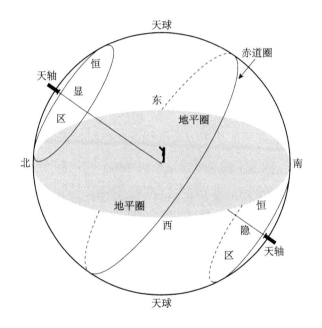

图 3.1 圆球形天空

旋转的天球必定有两个对应的极,一个是我们晚上能够看到的北天极,而另一个就应该是北天极与我们观察者的连线向另一个方向延长和天球相交的点,虽然我们看不到那个点,但那个点一定存在,它就在南面的地下,天文学家称之为南天极。

所以,在古代的中国、希腊、巴比伦、印度等地观察,北天极周围一片区域的星星永远不会落入地平线，称为恒显区，而南天极周围一片区域的星星则永远隐藏在地平线下，称为恒隐区，这从示意图中可以很清楚地看出来。我们前面说过"构成了一个近乎完整的封闭的圆球"，"连续观察数月，就能看到近乎完整的圆球形天空的所有星星"，之所以说是"近乎完整"是因为不包含南天极周围一片区域的星星。由于天球轴线与大地倾斜，也就可以理解，为什么日月星辰东升西落所行走的圆弧在我们看来总是往南倾斜的。

公元前6、7世纪，古希腊的阿那克西曼德（Anaximander）就认识到，宇宙不是平面形或者半球形，而是一个球形，他认为天空是围绕着北极星旋转的，天空可见的穹窿是一个完整的球体的一半，扁平圆盘状的大地就处在这个球体的中心，在大地的周围环绕着空气天、恒星天、月亮天、行星天和太阳天。

公元前4世纪，中国古代战国时期的慎到认为，天空如同一个圆球，而且它的旋转轴是倾斜于大地的。到了汉朝，这个观点就更明确了，中国东汉时期的张衡（公元78—139年）在《浑天仪注》中说，圆形天空的圆周可以分为365¼度（中国古代将圆周分为365¼度，以便于和一年的天数对应），从中间把它分开，则一半在地上，另一半在地下，所以二十八星宿，（在任一时刻）我们总是只能看见其中的一半，还有一半是看不见的。

为了形象地阐述天体周日旋转的道理，天文学家制作了天球仪。例如，古希腊的阿那克西曼德制作了有星座图形的天球仪，中国西汉时的浑天家也已经设计出一种名叫浑象的天球仪，这些仪器可以形象地演示天空的旋转。图3.2是紫金山天文台里的一座古代天球

仪，按理我们应该在这球里面往四周看，但这很难办到，现在我们看天球仪就等于我们是站在天外看天球，所以球面上标刻的星星图案与我们夜晚实际看到的星星图案是相反的。

图 3.2 古天球仪

现在的我们都知道，宇宙并不是我们肉眼所感觉到的圆球形，但尽管如此，在天文研究中，我们还常常需要将天空作为圆球形来考虑，只有球面天文学，才能使得对日月星辰运行规律的测量、推算和解释成为可能。所以认识到天空是一个完整的圆，上面布满星星，无论夜晚还是白天，无论在天上还是在"地下"，星星都在各自的位置上，对于天文学来说，有着重要的意义。

天文学家为了研究天文的需要，用假想的线在天球上画出坐标，天球上的坐标和我们今天看到的地球仪或地图上画的经纬线几乎一样，不同的是，我们是站在地球外面看地球，站在天球里面看天球。所有经过南北两极的大圆圈叫做赤经，所有的赤经都一样大，经线的单位是"小时（h）""分（m）""秒（s）"；和赤经垂直的圆圈叫做赤纬，其中和南北两极等距离的圆圈最大，叫赤道，往两边去，赤纬越来越小，到南北极，就是两个点；所有的赤纬都互相平行，所有的天体都沿着赤纬线每日绕大地旋转，纬线的单位是"度（°）""分（′）""秒（″）"。天球上有了这些线条，给每个星星标明位置就很方便了，如著名的织女星，也就是天琴座α星，它的位置是：赤经18h 36m 56.3s，赤纬＋38°47′1″。赤经、赤纬虽然是天文学家假想的线，但它们是被"画"在天球上的，随天球一起转动。

为了研究天体的运行，天文学家们还需要一些假想的圆圈：我们观测者就站在天球的正中央，一根天轴线从我们脚下经过，连接南北两天极；从我们站立的地方垂直往上引一条线和天球相交于一点，叫做天顶，垂直往下（穿过大地）引一条线和天球的另一半相交于一点，叫做天底；经过天顶、天底与两极的大圆叫做子午圈，天体运转一圈会有两次到达子午圈，一次到达最高处，一次到达最低处（地下）；我们脚下的大地平展的往四周无限延伸和天球相交成一个圆圈，叫做地平圈。地平圈和子午圈在相交处垂直，并且互相被平分为二。天球轴、天顶天底、子午圈、地平圈虽然也被表示在天球上，但它们只和观测者有关，不随天球转动。

我们到天文馆去参观的时候，经常看到一个由许多圆圈组成的仪器，名叫浑天仪，它就是这些圆圈的组合。图3.3是紫金山天文台里展出的古代浑天仪，图3.4是天球上经纬线示意图，图3.5是地平圈子午圈示意图，把这两套圆圈系统联系在一起的，是北天极和南天极。

天球上的这些重要圆圈和坐标可不是某一个天文学家在某一天想出来、画出来的，它是无数代天文学家长期观测、分析、研究的

结果,是长期经验所得。读者适当地理解一下天球上的这些圆圈,对于领会后面的知识会有帮助。

图 3.3　古代浑天仪

图 3.4　天球经纬线

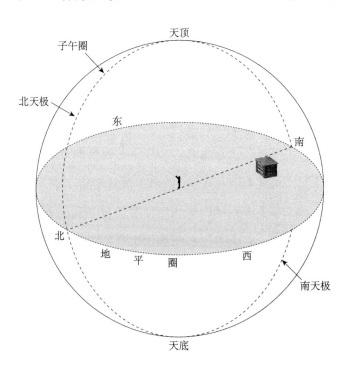

图 3.5　地平圈子午圈

二、太阳究竟在何处

既然白天也有星星，那么太阳一定在星空的某个位置上。如果我们能同时看到太阳和星星，就能轻易地指出太阳在星空中的精确位置，可惜这是根本不可能的事，太阳和星星真可谓"有你没我，有我没你，势不两立"，要测定太阳的精确位置绝非易事。那么有什么办法可以确定太阳的位置呢？

在一个夏天的傍晚，太阳落入了地平线，天色渐渐暗淡下来，天空显露出星星，在靠近西边地平线的地方，我们看到了狮子座 [图 3.6（a）]，第二天清晨，天快亮时，在靠近东方地平线的地方，我们看到了双子座 [图 3.6（b）]，据此我们就能大体判断出太阳当时的位置，太阳就在狮子座与双子座之间。在狮子座与双子座之间是什么星座呢？经过长期的观测，天文学家对星空早已经非常熟悉，在狮子座与双子座之间是巨蟹座，太阳这段时间就在巨蟹座。

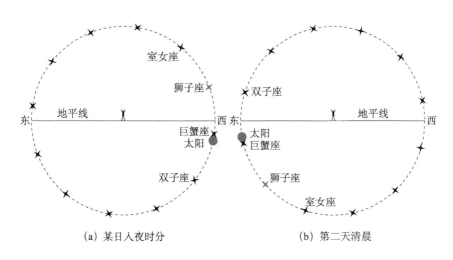

(a) 某日入夜时分　　　　　　　(b) 第二天清晨

图 3.6　判断太阳的位置

不过太阳前后的星座并不是固定不变的，一个月以后，同样是太阳落山、天色渐暗、星星显现的时候，人们发现狮子座已经看不见了，靠近西边地平线的是室女座，看来太阳已经移动到狮子座了。大约再过一个月，人们发现，狮子座出现在黎明前的东方地平线上，也就是说，原来在狮子座西面的太阳这时已经移动到狮子座的东面，到了室女座。人们通过观测日落时接近西方地平线的星座，以及观测第二天早晨日出前东方地平线上的星座，大致判断出太阳的位置，并由此发现了太阳在恒星背景下，由西往东慢慢行走。

月亮在星空中的位置是可以直接观察的，而且月亮是在白天除了太阳外唯一能看到的天体，天文学家可以通过观察月亮在星空中的位置，来推算太阳在星空中的位置，尤其是月食时月亮的位置，因为每当月食的时刻，月亮和太阳正好相距180度，如果月亮在金牛座，那么太阳一定在天蝎座，如果月亮在赤经18小时，那么太阳就一定在赤经6小时。当然，天文学家们还想出多种办法（包括偕日法、冲日法、望月法、中天法等）尽可能精确地推断出任何时刻太阳在星空中的位置。

把太阳的各个时刻的位置用假想的线连接起来，在天球上构成了一个封闭的大圆，这就是天文学上常说的黄道，通俗地说，黄道就是太阳在天球上由西往东缓缓行走的道路。

如果太阳不在星空中行走，人们将永远无法看到紧靠太阳周围的星座，如上面例子中的巨蟹座。正是由于太阳的行走，我们才会察觉到星星每天都会比前一天稍微提早一点升起，日久天长，才会有所谓"春季星空、夏季星空、秋季星空、冬季星空"的循环变化，人们也才有机会看到并了解全天球的星星。

请注意，后面我们经常会说到"太阳在天空运行一周"，都是指太阳在恒星天空的背景下沿黄道由西往东运行，这有别于太阳每天东升西落的运行。太阳每天东升西落绕大地运行一周是一天，太阳在天空由西往东运行一周则需要一整年时间。

远在公元前 2000 年左右，生活在两河流域的苏美尔人就有了黄道面的概念，中国古代最迟到东汉时期也有了黄道的概念。

黄道和天赤道在天球上倾斜相交，互相等分，太阳在黄道上运行的时候，有时会到达纬度比较高的点，有时会到达纬度比较低的点，这就是太阳的升起和降落点不断移动的原因，也就是正午的太阳有时离天顶较远，有时离天顶较近的原因。图 3.7 是天球上黄道的示意图。黄道和前面所讲的赤经、赤纬一样，是"画"在天球上的，随天球一起转动。

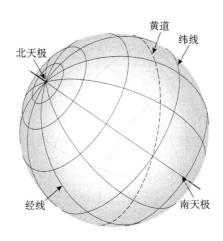

图 3.7　黄道

西方人所说的十二星座，就分布在黄道附近。很多年轻人都知道星座，如 6 月 22 日～7 月 22 日出生的人属于巨蟹座，那意思并非是说这段时间人们可以看见巨蟹座，而是相反，这时候太阳就在巨

蟹座，人们是看不到巨蟹座的。

太阳在天球上沿黄道走一圈就是一年，如果把天空这个大圆周细分为 360 度，那么太阳每天走近似 1 度的路程。

前面我们说过，月亮、行星也在天幕上由西往东运行，它们的运行路线也就在黄道附近。这七个天体都在围绕我们大地永不停息地旋转，有的快，有的慢，每隔一段时间，运行快的天体就会赶上并超越运行慢的天体。当这两个天体运行到同一经线位置的时刻，天文学上就称为"合"，如金星合月、火星合土星等，行星、月亮如果正好在夜晚相合，人们就可以用肉眼看到，但行星与太阳相合、月亮与太阳相合就全靠推算了，其中月亮与太阳相"合"时，就是一个朔望月中的朔日，中国农历把这一天作为一个（朔望）月的开始。

和月亮、行星不同的是，月亮行星在天球背景下的行走是人的肉眼可以直接观察得到的，而太阳在天球背景下的位置及行走是人们永远无法用肉眼直接观察到的，夜晚的星空中也没有实实在在的可以看得见的黄道线，这完全是基于天文学家的观测与推断。能够推断出太阳在恒星天球上的位置，以及在恒星天球背景下所行走的线路，能够推算出各行星及月亮与太阳相合的时刻，这都是人类早期天文学历史上的重大成就。

三、月亮的变幻

月亮每天都在改变它的模样，有时候它像一叶小舟，有时候它像一个金黄色的圆盘，人类最初以为月亮每天都在改变它的大小，时而瘦弱，时而丰满，人们赞叹大自然的神奇。难道月亮真的会变大变小吗？经过仔细观察，人们发现，在每个新月初现的那天，弯弯的月牙的另一边，有很微弱的光亮，它们构成了一个完整的圆。这提醒人们，月亮虽然看上去只是一个弯弯的月牙，但它很可能仍然是一个完整的圆形。

月亮在星空中由西往东缓缓移动的时候，它有时会遮挡住某颗星星，如某个上弦月，在它渐渐靠近某颗星星的时候，那颗星星突然提前被遮挡了，提前的距离正好是半个月亮，不难推测，遮挡星星的就是月亮缺损的那一部分。这个过程证明，尽管月亮看起来只是半圆，但实际上月亮始终是一个完整的圆。

既然月亮是圆的，那为什么很多时候却只有一部分发光呢？无数次的重复，人们发现月亮的形状不管看上去怎样变化，它明亮的那部分总是指向太阳，黑暗的部分总是背对着太阳。满月的时候，它整个圆面都正对着太阳，同时也正对着我们观察者。看来月亮自己是不会发光的，如果它自身会发光，就不会有形态的变化了，它的光芒来自太阳，我们之所以看不到它缺损的另一边，是因为那一边没有被太阳光照射到，这个推理应该是很合乎逻辑的。

公元前5世纪，希腊人就明确说到月亮因反射太阳光而发光。公元前4世纪，中国人就认识到因为太阳的照耀，月亮才有光，才会有明月。公元2世纪初即中国的东汉时代，著名的天文学家张衡在他所写的《灵宪》中也说到：“月光生于日之所照。”

还有一个疑问是：既然月亮始终是圆的，那它是一个圆球还是一个圆盘呢？我们所看到的月亮，不管是什么形态，它的阴影部分和明亮部分的分界总是呈弧形（图3.8），这是一个圆球在平行光束的照耀下才会有的现象。试想一下，假如月亮是圆盘形状，从图3.9

中可以看出,在一个月中,月亮将有一半时间是以没有阳光的黑暗面朝着地球,我们无法看见它,而另一半时间将以充满阳光的一面朝着我们,我们看它总是圆圆的,而且从明亮的圆月到看不见,或者从看不见到明亮的圆月,都是短时间内发生的,也就是突然间变化的(图 3.9 中的上下两个位置),但事实不是这样。只有球形的月亮,才会在太阳的照耀下,有从月牙到半月,到满月,又到半月,再到月牙的逐渐变化,这说明月亮只能是一个球体。

图 3.8 月亮明暗分界呈弧形

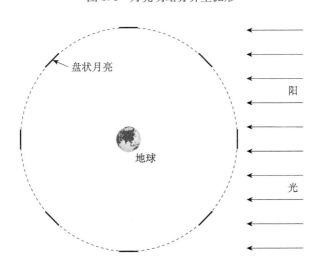

图 3.9 盘状月亮的明暗变化

这个问题困惑了古人多久,我们没法知道,1 000 年前,中国宋朝科学家沈括在《梦溪笔谈》中还为此举了一个实验的例子来说服别人:拿一个黑色圆球,用白色涂料涂白半侧,然后在一定的距离外慢慢转动，起先是半个黑色部分正对着观察者，然后白色部分渐渐显露，看上去就如同弯钩，白色部分渐渐扩大丰满，成为半圆，直至成为一个完整的正圆形，而后又渐渐缩小，变为半圆，变为弯钩直至看不见白色部分。这个过程和人们看到的月亮的圆缺变化一模一样，由此可以知道月亮就是一个圆球。

在没有电照明的古代，月亮对于人类的生活非常重要，一旦发生了月食，不管是偏食还是全食，都会引起人们的注意，古人一定很惊讶，是什么遮住了月亮呢？是天狗在吞噬月亮，还是邪气上冲侵蚀月亮？

一种现象多次重复，人们就会渐渐发现其中的规律，月食也是一样。月亮自己是不会发光的，一定是什么挡住了太阳射向月亮的光芒。人们发现，月食总是发生在月圆的时候，这时候，月亮太阳和我们观察者处在一条直线上，月亮在我们这一边，太阳在我们那一边，我们就在太阳和月亮之间。于是有人想到，挡住太阳光芒的可能就是我们自己——脚下的大地。月食发生时，遮挡月亮的黑影总是从月亮的东边开始，从月亮的西边退出，这和月亮由西往东运行，进入大地阴影是相符的。

比月食更令人惊讶、恐惧的是日食，尤其是日全食。光辉灿烂的太阳渐渐被一个黑影吞噬，四周渐暗，当整个太阳都被吞噬的时候，四周暗如黑夜，天空露出了星星。在古代，全世界无论什么民族都把日食看成是神灵在发怒，是灾祸的预兆。是什么在吞食太阳呢？人们发现，日食总是发生在残月后、新月前看不到月亮的那天，那时候，月亮和太阳在我们观察者的同一边，三者处在一条直线上。发生日食时，太阳被一个圆圆的东西挡住了，尤其是日全食、日环

食时，那个挡住太阳的东西，其大小和月亮一样，而且那个圆圆的黑影在挡住太阳的过程中，总是由西往东，这也和月亮在天球背景下的运行方向是一致的，这些现象渐渐使人相信，那个圆圆的黑影应该就是不会发光的月亮。

远在萨尔贡二世（约公元前 9 世纪）时，巴比伦人已知月食必发生在望（满月）。至迟在公元前 8 世纪的西周时期，中国人已经认识到月食发生在望（满月），日食发生在朔的规律。

公元前 5 世纪，雅典哲学家阿纳克萨戈拉（Anaxagoras）就对月食作出了正确的解释。中国西汉末的刘向（约公元前 1 世纪末）在《五经通义》中说，之所以发生日食，是因为月亮在运行中遮挡住了太阳。

中国东汉时期的天文学家张衡在《灵宪》一书中对月食的成因提出了一种基本正确的解释，他说，当太阳、月亮正好在我们两侧，三者处于一条直线上时（天文学上称这种现象为"冲"），就常常会发生月食，那是因为太阳射向月亮的光被大地遮挡了。

月亮是一个自身不会发光的圆球，它的光亮来自太阳的照耀，月食是因为月亮躲进大地的影子里了，日食则是月亮挡住了太阳，天文学家找到了月亮变幻的原因，找到了日月食发生的原因。通过对日月食的观测，天文学家可以判断以前对日月食发生的预测是否准确，对太阳在恒星天球的位置的推断是否准确，对日月运行的规律是否掌握，以及可以检验所制定的历法是否准确。

四、它们离我们有多远?

远古时代，没有人知道月亮、太阳和星星离我们有多远，它们有多大。但是，人们不难明白，月亮、太阳一定离我们很远很远，因为不管你登上多高的山顶，也不会感觉月亮、太阳离我们近了一些，不管你往东或往西走多远，走十天半月，走一年半载，也永远到不了太阳升起或落山的地方。在中国古代有一个神话传说，一个叫夸父的巨人，他决心在太阳快下山时追上太阳，尽管他跑得飞快，但还是追不上，途中口渴，将黄河与渭河的水都喝干了，最终还是因为饥渴而死。通过这则神话也能反映古代中国人早就认识到太阳离我们无比遥远。

近大远小是人们的基本常识，一个人爬到高山上再看山下的人，山下的人就像蚂蚁一样大小；在山脚下看山峰，山峰高耸入云，但在远处看大山却还没有近处的一棵树高。中国古代曾用数学的方法测算了太阳的直径，算出太阳的直径是 1250 里（注：1 里≈0.5 千米），尽管这个数字远远小于太阳的实际大小，但说明古人已经意识到太阳很大。

那么日月星辰究竟离我们有多远，它们有多大呢？这是非常令人好奇的事情。

满天的星斗，都是一个个的光点，肉眼绝对无法分辨出它们的远近。经过长期的观察，古人发现，这无数或明或暗的星星，总是各处其所，相互间的位置关系固定不变，所以自古以来，它们就被称为恒星，这无数的恒星就如同固定在天球上一样，整体地围绕我们在旋转。日、月、五大行星就在恒星天球背景下缓缓行走，有人猜测恒星天球应该离我们最远，那是天空的"边界"，而日、月、行星不可能运行到天球"外面"去，它们应该比恒星离我们的距离近。

现在要讨论的是，日、月和五大行星，谁近谁远呢？

日食发生的原因是月亮挡住了太阳，所以月亮一定比太阳近，月亮和太阳在我们看起来几乎同样大小，所以月亮一定比太阳小。月亮在运行的过程中还会发生掩盖其他行星的现象，这说明月亮是所有的天体中离我们最近的，这一点没有任何疑问。

困难的是五大行星和太阳的排列顺序，大约在四千年前，人们就测定了日、月和五大行星在恒星天球背景下运行一周的时间，土星30年，木星12年，火星2年，太阳、金星和水星1年，月亮1个月。古代天文学家们想按天体运转周期来排出行星的次序，古希腊天文学家认为，离我们远的，运行轨道大，运行一周的时间就长，显得速度就慢，中国古代也有类似的看法，汉代天文学家张衡就说过，天体离天球近的运行速度慢，离天球远的运行速度就快，月亮就是这种排序理由的最有力支持。

所以最远的行星是土星，它绕的圈子最大，所需时间也最长，在它下面是木星，然后是火星。月亮转一圈的时间最短，离地球最近，转的圆圈最小，这和刚才的讨论是相符的。太阳、金星和水星绕地球一周都是1年，它们应该在月亮与火星之间。绝大多数天文学家都认可这种推测，但是，太阳、金星和水星谁近谁远呢？那是一个非常难解的谜，一个世界难题。

对天体距离的基本推测，为后来的天文研究和宇宙体系的建立打下了一定的基础，但也为后世提出了一个世界难题，它考验着天文学家的智慧。

以上我们讲解了古代天文学家们通过对天象的观测和思考，所作出的一些重要的基本推断，在现在的我们看来这些推断好像十分简单，似乎"我也能想到"，但在生产力极其低下的古代，在科学技术尚处萌芽状态的古代，能够认识到天是一个完整的圆形，大地的下面还有一个与北天极对应的南天极，月亮是一个自身不会发光的球体，白天也是有星星的，能够确定太阳的位置及在星空中运行的路线，明白日月食的成因，等等，都极其困难，这些无疑是早期天文学的大事，它说明人类对宇宙的认识已经从直观记录阶段跨步到推理判断的阶段，因为上述各种结论，都是无法通过肉眼直接观察得到的，这些都可以称为早期天文学的里程碑。

没有这些基本推断，可以说就没有什么天文学，要作出这些推断，当然也有赖于其他学科的发展，尤其是数学理论的进步发展，也有赖于仪器的发明改进。

这些推断谁先谁后？花了多少时间？我们已经难以了解，因为这些推断有许多发生在有文字记载之前，但我们可以想象得到，那一定经历了极其漫长的时间。

有必要在此强调一下的是，这些推断总体上说是当时人们的常识可以理解、接受的。而我们后面所要讲述的，就远远超出人们的"常识"了，所以英国天文学家米歇尔·霍斯金（Michael Hoskin）说，"宇宙学的历史，并不是一个拒绝荒谬观念、接受明白易懂的（或稍经思考后能够明白的）真理的简单故事，而是一个来之不易的拒绝常识、接受'荒谬'的英雄传奇"。在此后的讲述过程中，你会深深地感受到这一点。

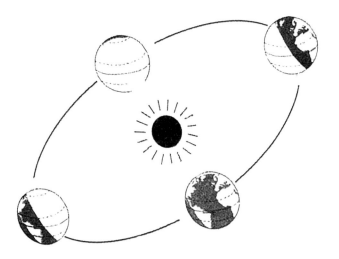

第四章

大地的困惑

一、一道高高的坎

　　人类在仰望星空的时候，会有许许多多的疑问与好奇，其中有一个疑问最为简单，却又非常难以回答，那就是：太阳每天从西边落山以后，是怎么从地下跑到东边去的呢？这是一个农夫，一个牧羊人，甚至一个孩童，只要有点好奇心都会问的问题，也一定是不管是哪个民族，哪个国家的古代人，都十分困惑的问题。这个问题还包括月亮和星星，东西两边相距那么遥远，它们都是怎么从地下穿过的？地下是什么样子的？有多厚？地下有洞吗？洞得有多大呀？假如我一直往前走，会走到哪儿呢？会走到大地的尽头吗？那尽头

外面又是什么呢？天和地相连吗？

人们对此作出种种猜想，编出了许许多多的神话故事。

巴比伦人认为地是半球形的，周围是大洋，中央是大陆，在大地的下面有一根巨大的管子，太阳每天晚上从这根管子里通过，翌晨再出现于东方。古埃及人认为，世界像一个长方形的盒子，大地是盒底，天是盒盖，四周架在从大地四角隆起的四座大山顶上。古印度人则把大地想象为背负在四只大象身上，而象则站在巨大的乌龟背上。中美洲的玛雅人认为宇宙间有十三重天和九重地，地又由巨鳄所驮。

中国古代关于宇宙结构有盖天说、宣夜说和浑天说。盖天说认为，天一定在地之上，天是半圆形的，地是拱形的，日月星辰附着天而平转，不能转到地的下面，所以它不回答日月星辰是怎么从地下转过去的；宣夜说认为，天是没有形体的无限空间，日月行星的运动自由自在，但它长期停留在思辨的认识上，具体怎样运动，却没有说明，也没有谈论大地的形状；浑天说认为，天就像一个鸡蛋，地就如同鸡蛋中的蛋黄，孤独地居住于天内，天大而地小。这里，确实有一点大地是球形的意思，然而自始至终，浑天说都没有明确说出大地是球形的，更没有相关的论据论证，其实浑天说更倾向于大地是上平下圆的半球形，正好填满天球的下半部，圆形地面的直径同天球的直径相近，而地面的中心就在阳城（今河南登封告成镇）。

当然，这儿所谓的巴比伦人、古埃及人、古印度人、古中国人，很可能也只是一小部分人，只不过因为他们留下了文字，留下了作品，现在的我们才知道古代有人这么猜想过。其实不难推测，对这

样的问题，古代一定有无数种猜想，就是在今天，当一个孩子还没有从课堂上、书本上学到关于地球的知识时，面对每天东升西落的太阳，都不免会问出这样的问题，也会尽自己的所能来"胡思乱想"一番。

不过仔细推敲，这些神话依然难以满足人们的好奇。说大地是神龟或神象背着的，那神龟或神象是站在什么上面的呢？说大地下面有几根巨大的柱子支撑着，那柱子自身又是立在什么上面的呢？浮在海水上也不可能，石块泥土比海水重，怎么可能浮在海水上面呢？海水是往四周无限延伸的吗？边缘在哪儿呢？是什么阻止海水从边缘溢出去呢？又是什么托住海水的呢？如果地下真有洞，那该是多大的洞？太阳、月亮是那么巨大，该有多大的洞才能让它们通过？还有那满天的星星呢？它们成群连片，从落山到第二天早上升起都始终保持固定的关系，作为整体的天空，这难道也是可以从洞中穿过的吗？如果大地下面是有几个巨大的柱子支撑着，那么就算是太阳、月亮好通过，但成群连片的星星呢？没见有星星被挡住呀！如果大地是浮在水上的，那么天体尤其是炽热的太阳怎么能从水里经过呢？

回答这样一连串的问题，实在是太难了。

站在坚实的大地上放眼四望，尽管有高山大川，但总体感觉大地是平的，"不识庐山真面目，只缘身在此山中"。可是，不知道大地是什么样子，就永远无法解释日月星辰每天是怎么从"地下"钻过去的，就永远无法理解行星的诡异行踪，当然也更不可能了解整个宇宙的结构。所以要想再深入地了解天空，还必须先弄明白大地究竟是什么样的。

这是天文学的一道坎，一道很大的坎，越不过这道坎，天文学就不可能再有实质性的进步，最多只能是在某些测量工作上做得越来越精细而已。必须承认，世界上大多数民族都没能越过这道坎，因为限于当时的科技水平，人们的活动范围还很有限，更无法离开大地，要论证大地究竟是什么样子，这太难了。

带领人类跨过这道坎的，是古希腊那些杰出的哲学家、天文学家，是他们论证了大地的形状，将天文学的研究推向了新的阶段。

为什么跨越这道坎的是古希腊人，而不是中国人或者其他文明古国的人呢？是偶然吗？这里面有什么值得思考的地方吗？

中国古代的天文学家注重实际，勤于观测并详细记录，中国古代的天象记录是世界上最系统、最丰富的，中国古代的历法、天文仪器及天象的推算都是很了不起的，但是中国古代的天文学家却很少追问"为什么"。这也许和中国古代一些"圣贤"的观点有关，如孔子只关注社会，从不谈论自然，不谈风雨雷电，不谈日月星辰。荀子则说，不知道大自然演化的原因，君子还是君子；而知道这些又怎么样，小人还是小人。工匠不了解这些，无害于掌握技巧；卿大夫不懂得这些，无害于从事政治。帝王、诸侯爱好这些学说，就会乱了法度；老百姓喜欢这些学说，就会把事情搞乱。清代著名学者阮元说，天象的成因，不是人的能力可以探寻到的，所以只要讲清楚天象是怎么样的，而不要强求天象为什么会是这样的。

中国古代的天文学还有一个重要的特点，那就是所有的天文学家都不是个人在从事天文研究，而是作为皇家掌管的专门机构的一员在从事天文研究，政府甚至颁布法令禁止个人私自学习天文。据说尧时代就有了专门的天文官员"火正"。皇上需要天文官员制定历法，根据天象预测国家及皇家的吉凶，为帝王行事提供指导。至于天象的真实成因，他们不会感兴趣，也就不需要他所雇用的天文学家去探寻什么天象的真实成因。

这也许就是中国古代的天文研究始终没能真正走出实用的重要原因吧。

古埃及人、美索不达米亚人、古印度人也没有不懈地追问下去，他们在各种神话面前止步了。历史研究和心理学研究都表明，从原始科学中发展不出现代科学才是常态，发展出现代科学反而是一件不寻常的事情。

二、我们的脚下是地球

古希腊位于地中海东边，欧、亚、非三洲的连接处，海湾、海岛众多，公元前 5、6 世纪，那里的经济生活高度繁荣，航海业发达，同周边地区有着广泛的商业、文化联系，是伟大的古埃及和美索不达米亚文化交汇的地方。各种各样的观点、语言、思想和神话传说都在这里进行激烈碰撞、竞争，促使、激发人们去思考、辩论。

古希腊人是航海民族、商业民族。商业活动的特点是公平交易，交易双方的地位一般是对等的，而选择和谁交易又是自由的；在陌生人之间进行交易，危机十分突出，而在没有权威主持的情况下，古希腊人找到的解决办法是自由订立契约。因此，古希腊精神中特别突出的方面就是重视平等，重视契约，重视个人自由。

古希腊城邦林立，各个岛屿之间风俗习惯常常不同，政治制度也千差万别，许多不同的政治制度都在此获得实践和发展，没有什么集权统治能使各岛屿的习俗和文化统一起来，这就为思想的自由

驰骋敞开了大门。例如，当不同的宗教在这儿交锋，都说各自信奉的神才是最高之神的时候，人们有理由怀疑，至少有一方所信奉的神是假的，最初一定是否定对方的神，进而有人就会怀疑，自己信奉的神就一定是真的吗？

正是在这种条件下，伟大的思想产生了：宇宙不再是神的舞台，自然现象有其自然的原因，有自己内在的秩序，有自己的发展变化规律，人们通过学习、思考和推理，是可以逐步认识这些规律的。

古希腊的哲学家、科学家、艺术家带着质疑批评的精神和理性的态度对待别人的观点与理论，公开地、大胆地提出自己的观点和理论，包括并不成熟的猜想，同时也接受同行和公众的质疑、批评与判断。他们追求严密的逻辑，追求用完美的演绎推理体系组织知识，追求理论的和谐、简单和统一，而根本不在乎这些理论是否有实用价值，甚至他们更崇尚理论的"无用"。正是这种环境、这种思想、这种态度带来了学术的创新，带来了科学的繁荣。

有两则逸闻可以形象地刻画古希腊那些哲学家、科学家的风貌。

生活在公元前 600 年前后，被称为"科学和哲学之祖"的古希腊思想家、科学家、哲学家泰勒斯（Thales）也是一位商人，可是在常人看来，他不好好经商，不好好赚钱，老去探索那些没用的事情，所以他赚不到钱，不富有，有人就说哲学家是那些没用、赚不到钱的穷人。有一次，泰勒斯运用他所掌握的知识，预见到那一年的橄榄会丰收，然后租下了这一地区所有的榨橄榄的机器，等橄榄丰收时，榨油机成了紧缺设备，于是他乘机抬高了榨油机的价格，赚了很多钱。泰勒斯这样做并不是想成为富翁，而是想回答有些人对他的讥讽：发财不见得比研究天文学更加困难，科学家是有能力

发财的，不过他有更重要的事情要做。

还有一次，泰勒斯仰观天象，不小心跌进沟渠中，一位女仆嘲笑他，只会关心遥远的天上发生的事，却连近在眼前的脚下的事都看不见。

这两件事是真是假并不重要，把这样的故事安在其他的科学家身上也一样可信，但是放在泰勒斯身上更为恰当，古希腊的哲学家、科学家就是这样一群仰望天空、执着地追寻自然与社会真理的人。

比泰勒斯小 40 多岁的毕达哥拉斯（Pythagoras），是古希腊的一位哲学家、数学家，年轻时的毕达哥拉斯到过很多地方，也拜访过泰勒斯。50 多岁以后，他在意大利南部成立了一个秘密社团，这个社团里有男有女，地位一律平等，一切财产都归公有。成员有着共同的哲学信仰和政治理想，他们吃着简单的食物，进行着严格的训练，遵守很多的规范和戒律，并且宣誓永不泄露学派的秘密和学说。

毕达哥拉斯认为"数"乃万物之原。在自然诸原理中第一是"数"理，万物皆可以数来说明，从音乐到天体的各种规律都是可以用数学公式来表达的，上帝通过数来统治宇宙。他们相信依靠数学可使灵魂升华，与上帝融为一体。

毕达哥拉斯从美学观念出发，认为宇宙一定是和谐的、简单的，宇宙中所有天体的形状和它们的运动轨道都应该是完美的。他认为，一切立体图形中最美的是球形，因为球面上的任何一点离球心的距离都相等，所以天体一定是球形的，太阳、月亮是球形的，恒星天球是球形的，大地也一定是球形的。一切平面图形中最美的是圆形，因此，天体的运动都应该是在圆周上匀速运动。毕达哥拉斯是第一个推断大地是一个球体的人。

乍一听，这个推论很玄乎，但仔细想想就能悟出其中的道理，这个观点隐含着一个前提，那就是大地也是天体。我们眼中的天体都是什么形状的呢？太阳、月亮是圆的，无数的星星虽然看不清，但都是一个个小点，很可能也都是圆的。反之，假如我们把天体设想成其他形状，如三角形、长方形，那一定会觉得更不可思议。

毕达哥拉斯的理由是审美的而非科学的，虽然很多人认同这个观点，但仅凭这一点显然不能说服更多的人。不过科学的理由不久就接二连三地被发现了，生活在公元前 5 世纪的雅典哲学家阿那克萨戈拉（Anaxagoras）指出，当月亮、地球和太阳的连线非常接近直线时，地球的阴影将阻断某些射向月亮的太阳光，于是发生月食。月食时，月球表面的阴影的外轮廓总是圆弧形状，那应该就是地球的影子，由此可以推断：大地一定是球形的（图 4.1）。

图 4.1　月食过程

比毕达哥拉斯晚一百多年的著名哲学家亚里士多德是一位百科全书式的学者，在几乎古希腊所有的学术领域都留下了自己的总结和开创性见解。他从哲学与美学角度进行论证："天体的形状必定是球形。……一切平面图形都或者是由直线或者是由曲线组成。而直线图形要被多条线所包围，曲线图形只有一条线。既然每个种类在本性上，单一要先于众多，单纯要先于复合，那么，圆形就应该居于平面图形之首。……球体也同样先于其他立体，因为它只由一个面围绕而成，而那些直线形的立体要由多个面构成。"古希腊的哲学家总是喜欢先从哲学的高度进行论证，尽管在普通人看来这比较抽象。

当然实验的例子也是必不可少的，亚里士多德同样举了月食的例子："从感觉现象中也能获得证据。假如地球不是圆的，月食就不会呈现出那种残缺形了。""既然月食是由于地球插入其间，那么，它外线的那种形状就应是地球的表面所造成。"

无论月亮处在什么位置（上半夜或下半夜）发生月食，当地球的阴影扫过月亮时，看上去总像是圆周的一部分，这说明，地球的形状使它在任何可能范围内都能投射圆形的阴影，因此地球只可能具有一种形状，即球形。

中国古代天文学家也曾对日食、月食作出正确的解释，月食总是发生在月圆的时候，这时候，月亮、太阳和我们观察者处在一条直线上，月亮在我们这一边，太阳在我们那一边，我们就在太阳和月亮之间，正是我们自己的影子挡住了月球，可惜的是，他们没有继续分析影子的形状，也就没有得出大地是球形的结论。

亚里士多德还举了另外的例子：当我们朝北或朝南运动时，所看到的星体是不相同的。的确，有些星体在埃及和库勃洛斯附近能被看见，但在希腊或更北边的地区却看不见，而且，在北方有些完全可见的永远在地平线以上的（即恒显区的）星体，在南方地区却会落入地平线。所以，地球的形状一定是圆的，而且这个圆球的体积不算非常大，否则这样较小的地点的变化就不会有如此明显的差别了。在图 4.2 中可以看出，分别在 A、B 两点所看到的星空，范围不同，北极星的高度也不同，如在 A 点看到的北极星比起在 B 点看到的要高出许多。

唐开元十二年，南宫说和僧一行领导了一次南北影差的大规模

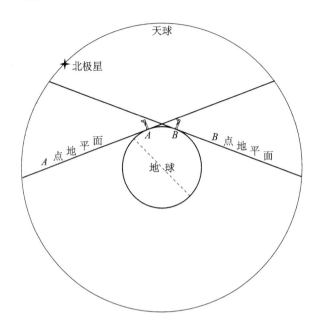

图 4.2　北极星高度变化

实测，在彻底否定了千里寸差（古代中国人认为，八尺高的立表在夏至正午时刻的日影，往正南方向每移动千里则短一寸，往正北方向每移动千里则长一寸）假说的同时，还有两个发现：①由南往北，北极高度逐渐升高，北极高度差与南北里差成固定的比例关系，即南北相差 351.27 里，极高差一度。②从交州南望，可以见到中原地区见不到的许多恒星，它们都处于浑天家以前所划的恒隐圈内。这两个事实表明，大地至少在南北方向上应该是圆弧状的。可是僧一行他们没有想到这一点。到了元代，郭守敬等又组织了一次更大规模的北极出地高度的测量，共选取了南至南海（北极高 15 度）、北至北海（北极高 65 度）的 14 个地点进行测量，但是也没能想到大地是圆弧形的。在他们看来，北极高度就是北极高度，而不是其他什么东西，不需要联想，更不需要问"为什么"，中国的天文学家再一次错过了自己发现地球是球形的机会。

　　古希腊人还为地球是球形提供了第三个论据：为什么往远处驶去的船总是先看不见船身，然后才是船帆？

　　如果地球是平的，当一艘帆船离开海岸越行越远时，它就会越来越小。最后变成一个小点而消失。然而，实际情况并非如此。起初，目送帆船出海的人能够看见整个帆船，能看到下部的船体和上部的船帆。可是过了一段时间，船体渐渐消失了，海水好像淹没了船体，剩下的只是船帆，再然后只剩帆顶，最后整个帆船都消失了（图4.3）。

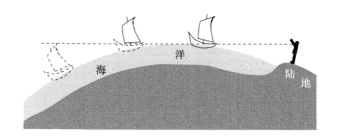

图4.3　远航船只渐渐消失

　　帆船不管向什么方向航行，首先消失的都是船底。不管是向北、向南、向东、向西，还是向任何一个方向行驶，都是船底首先消失。而且，帆船总是以大体相同的速度消失。不论它向什么方向航行，只要驶到两英里以外，便会有一部分船体被遮没。看来，在任何方向上，大地都呈曲面，弯曲度也相等，由此也可以推断大地是球形的。

　　这个证据的获得，也许和古希腊的地理环境有着密切的联系，古希腊位于地中海东边，海湾、海岛众多，航海业发达，海洋与船舶是人们最常见的，目送亲人远航，遥望亲人归来，很容易发现"渐渐远去的船舶总是由下往上逐渐消失"，而中国等四大文明古国

都位于大河冲积平原地区，主要活动区域在内陆，自然难以看到船舶远去的现象。当然啰，绝不是说只要看到船只远航消失的现象就能由此想到大地是圆球，这里的差距是巨大的，对绝大多数人来说甚至是不可逾越的。

还有一个事实可以证明大地是球形的：相距很远的东、西两地，太阳升起的时间是不一样的，东边比西边升起的时间要早，如果大地基本是平的，那么东、西两边的人就会同时看到太阳升起。人们是怎样发现"相距很远的东、西两地，太阳升起的时间是不一样的"呢？这在没有钟表的古代是不容易发现的，幸好月食提供了这样一个机会，因为月食对于地球上所有能看到月亮的人来说都是相同时刻发生的。同一次月食，东边的人和西边的人感觉发生的时间却不一样，如某地在当地时间半夜12点看到发生月食，住在他们东边数百千米远的居民却是在当地时间的午夜后看到的，住在他们西边数百千米远的居民却是在当地时间的午夜前看到的，当两边的人到一起谈论同一次月食时，就会发现时间上的差异，于是人们发现东、西方向上相距很远的两地的"地方时"是不一样的，也就是说，东、西方向上相距很远的两地，太阳升起的时间是不一样的。这是为什么呢？因为大地是球形的，太阳所在的位置不同，就产生了东、西方向上不同的当地时间，东边的人比西边的人更早迎接太阳，也更早送走太阳。

所以，大地是球形的，它孤悬在宇宙之中，没有谁驮着、支撑着，日月星辰不是从"地下"钻过去的，而是在它们各自的圆形轨道上旋转。

这是天文史上第一个违背人类常识的重要推论。我们脚下的大地竟然是圆球形的，那么，在地球另一边的人不是头朝下吗？不会掉下去吗？真是不可思议。再说地球怎么能孤悬宇宙之中的呢？一个没有依托的东西不会往下掉吗？那时的人们一定非常疑惑。对此，亚里士多德论证道：物质都有趋向中心的本质，"朝上，指的是离开中心，向下则是指到达中心"。"'重'就指自然地朝向中心而移动的东西，'轻'则指离开中心而移动的东西。"也许在那个时代这就是最好的理论、最好的解释了。

当然还会有其他的疑惑与不解，但总的来说，证明大地是球形的论据是合理的，球形的大地也是对"日月星辰是怎样从地下穿过去的"的最合理解释，所以到了公元前3世纪左右，已经很少有思想家怀疑"地球是圆的"这一推论，在古希腊及它的文明所能影响到的地区，地圆之说已成定论。至于那些疑问，他们相信只是暂时还没找到合理的解释而已。

几乎与此同时，古希腊人还认识到地球与天球相比非常之小。认识到这一点很不容易，但又很容易，因为只要稍微有一点几何常识就能理解下面的证明：我们任何时候、任何地点所能够看到的都正好是半个天球，也就是说，在地球上任何地方所作的地平圈总是平分整个天球（以及天赤道），如果地球和天空的比率不是很小，那么通过地表任何一点作的平面只会使得天球的下面部分大于上面部分。只有当地球几乎成为一个点，我们才能在任何地方所看到的都正好是半个天球，从图4.4上可以很清楚地看出这一点。所以地球与天球相比一定非常之小，亚里士多德还据此认为，地球必然在宇宙的中心。

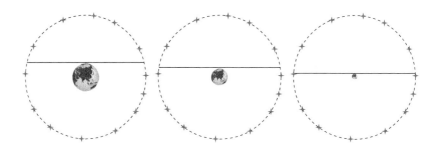

图 4.4　地球与天球相比非常的小

三、这个球有多大

如果大地是平的，有人就会好奇地问，这个"平面"有多大呢？"伸"出去多远呢？现在，当人们相信大地是球形的以后，也一定有人会好奇地问，这个球有多大呢？人类不满足"地球非常大"或"是无限大"一类的话，但是在没有如宇航、航空与航海等现代先进技术，甚至也没有望远镜和六分仪的年代，我们还能计算出地球的半径吗？可以！如果我们懂一点几何的话。

公元前 3 世纪，古埃及亚历山大市图书馆的馆长埃拉托斯特尼（Eratosthenes）就很想知道地球究竟有多大。他了解到，在南部边疆靠近尼罗河第一大瀑布的地方［赛伊尼（Syene），今天的阿斯旺］，在夏至那天（一年当中白昼最长的一天）接近正午的时候，圣堂圆柱的阴影越来越短，最后在正午消失掉；正午时刻太阳从头顶上直射下来，照到一口深井的底部；正午时刻直立的长竿在地面上没有投下阴影。这都说明夏至那一天的正午，在赛伊尼，太阳光线和地面垂直。埃拉托斯特尼的家乡亚历山大城和赛伊尼是在非常相近的两条经线的南北位置上，他做了同样的观测，但是在夏至日，太阳光并不能直射井底，而是有一定的偏角，同样是夏至的正午时刻，直立的长竿在地面上投

下了一个短短的阴影，埃拉托斯特尼测出阳光和直竿的夹角是 7 度。
图 4.5 是埃拉托斯特尼测量地球的大小方法的示意。

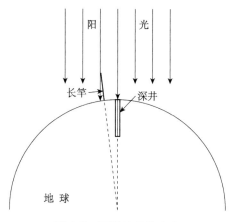

图 4.5　测量地球的大小

　　这些现象并不是古埃及附近特有的，在地球的许多地方都能看
到这些现象，如中国云南省个旧市，夏至的正午时刻建筑物几乎没
有影子，而在其正北方向，四川省的雅安市，如果在地面垂直地竖
一根杆子，夏至的正午时刻阳光和直竿的夹角也很接近 7 度，再如
台湾的嘉义，夏至的正午时刻建筑物几乎没有影子，而在其正北方
向，浙江省的杭州市，如果在地面垂直地竖一根杆子，夏至的正午
时刻阳光和直竿的夹角也很接近 7 度。问题是如果你不抓住这些现
象，不去思考，那这些现象又能说明什么呢？

　　太阳离我们如此之远〔在埃拉托斯特尼之前的天文学家阿里斯
塔克斯（Aristarchus）对此有过证明，第五章将会详细介绍〕，所以
阳光照射到地球的时候可以视为是平行的。长竿与太阳光线的夹角
在两地不相同，埃拉托斯特尼相信那是因为大地是球形的，假如将
长竿插入地心，它们就会在那里相交成 7 度角。7 度约相当于整个地
球 360 度圆周的 1/50。埃拉托斯特尼知道亚历山大和赛伊尼之间的

距离约 5000 斯塔德（stade，古希腊长度单位），5000 斯塔德乘 50 等于 250 000 斯塔德，这就是地球的圆周长度。

据说这个长度与我们现在所知道的准确数据相当接近，不过平心而论，他所采取的数据还是比较粗糙的，得到这样的结果多少有点巧合，但他的思路、方法是正确的。美国科普作家卡尔·萨根（Carl Sargan）在《宇宙》一书中说："埃拉托斯特尼唯一的工具是长竿、眼睛、脚和头脑，再加上对实验的兴趣。凭着这些东西，他推断出地球的圆周长度，误差只有百分之几，这在 2200 年前是一个非凡的成就。他是第一个正确地测量出一个行星的大小的人。"所以在没有如宇航、航空与航海等现代先进技术，甚至也没有望远镜和六分仪的年代，运用几何知识，我们就可能计算出地球的半径，而比几何还重要的是：如果我们能想到这一点。

当然，最终直接证明大地是球形的，是将近两千年后麦哲伦船队的环球航行。公元 1519 年 9 月麦哲伦船队往西航行，历经千辛万苦，于 1522 年 9 月从东面返回了西班牙，用事实证明了大地是球形的，而且没有发现有任何东西托住地球。

在已经知道大地是球形的今天，再看看上面这些证明，你觉得"简单"还是"艰难"呢？月食时的阴影、北极星高度的变化、远航船只的消失等现象是当时的很多人都知道的，但是有几个人能由此联想到大地是什么形状呢？同样是没有任何特别的仪器，也从未离开过大地，为什么有人就能凭借想象的翅膀飞到那样的高度来俯瞰大地，敢断言大地是个圆球，并且无依无靠地悬在宇宙空间呢？

人与地球相比极其渺小，古代的人类活动范围也极其有限，能够认识自己脚下的大地是个圆球，认识到这个圆球与天球相比非常

之小，这是早期天文学上的重大突破，没有这个突破，对天地的猜想就永远只是在黑暗中摸索，这是天文学史上的一个重要的里程碑，只有在这个基础上，对于宇宙结构的探索才有可能真正开始。

假如没有古希腊那些哲学家、天文学家的杰出证明，人类要等到什么时候才能真正知道大地是球形的呢？要等到麦哲伦环球航行结束那一天吗？但是如果没有先前对大地是球形的认识，哥伦布、麦哲伦敢贸然一直往西航行吗？他们会愿意"一去不复返"吗？

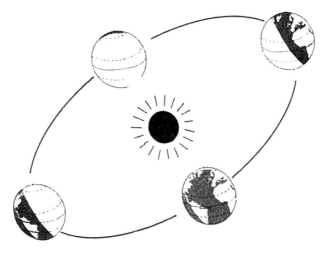

第五章

猜猜宇宙的模样

一、谁能猜出宇宙的模样

世界上无论哪一个民族，无论文明来得早晚，也无论进化得快慢，都有过对天空与大地的观测和思考，也都有过对宇宙结构的种种猜想。当然，我们看到，大多数猜想最后都归之于神灵，因为这一切太神秘了，只要一想到宇宙的浩瀚与永久，我们的心灵就会颤抖。

当古希腊人知道了——严格讲是论证了、相信了——大地是球形的以后，对宇宙模型的研究才真正开始了。宇宙的真相究竟是怎样的呢？天文学家的哪一种猜想、哪一种模型是和真相一致的呢？

模型的基本元件就是地球、太阳、月亮、五大行星和恒星天球,天文学家的任务就是怎样"摆弄"这几个元件,构建起他们的模型,看看能否合理地解释我们所看到的种种天象,尤其是要对行星的顺、逆、留等怪异行踪作出合理的解释,看看能否凭借模型预测天体在任何时刻的位置。人们相信只有作出最合理的解释和最精确的预测的模型才有可能是宇宙的真相。

就人们的自身直觉来说,最简单合理的解释就是:地球处在宇宙的中心位置,恒星天球、日、月、行星都围着地球由东往西旋转,东升西落,每天转一圈。如果这也能称之为模型的话,这一定是世界上第一个宇宙模型,一个不言自明的宇宙模型。

但是事情不是这么简单,稍加细致地观测和推断就不难发现,日、月、行星在跟随恒星天球东升西落的同时,又不完全和恒星天球同步,它们都比恒星天球转得稍慢一些,例如,太阳每天约慢 1 度,一年就落后了一圈,月球约慢 13 度,一个月就要落后一圈,这就是中国古代天文学家说的"日月行迟,天行疾",即太阳、月亮转得慢,天球转得快。所以在我们地球人看来,日、月、行星在恒星天球的背景下,由西往东缓缓退行。既向西行,又往东走,这就显得很奇怪,需要有一个合理的解释。

公元前 1 世纪罗马建筑师维特鲁维,以及公元 1 世纪中国汉代的王充,都曾经以蚂蚁为例来比喻天体的运行,图 5.1 是这个比喻的示意图。一个圆盘在作顺时针旋转,一天转一圈,一只蚂蚁在圆盘的边缘,从 A 点往 B 点按逆时针方向慢慢爬行,假设一个月爬一圈吧,圆盘带着蚂蚁一起旋转,但蚂蚁又在圆盘的边缘朝圆盘旋转相反的方向慢慢爬行,圆盘转得快,蚂蚁爬行慢。图 5.1(a)中,

蚂蚁靠近 A 点，12 小时后，见图 5.1（b），圆盘旋转了 180 度，蚂蚁则到达 A、B 两点之间的某个位置。对于站在圆盘中间不动的观察者来说，圆盘和圆盘上的蚂蚁每天都在顺时针旋转，但仔细观察就能发现，相对圆盘来说，蚂蚁一直在逆时针爬行。这样，圆盘一天绕中心转一圈，蚂蚁则要用一天多一点的时间绕中心转一圈。

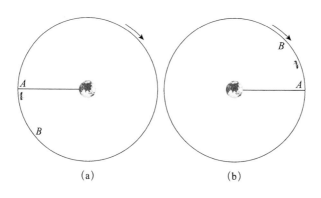

图 5.1　蚂蚁与圆盘

　　这个比喻非常形象，可以很好地解释太阳、月亮和行星的视运动。太阳、月亮和行星依附在天上，每天"被迫"跟着天球一起东升西落，就像蚂蚁被迫跟着圆盘一起旋转一样，与此同时，它们又各自在缓缓地由西往东运行。让人不解的是，这些"蚂蚁"由西往东的"爬行"不是匀速的，有时会快些，有时会慢些。它们的爬行路线大体相仿，都和恒星天球旋转时划出的圆弧线相倾斜。更不可思议的是，五大行星的"爬行"，除了和太阳、月亮一样会时快时慢外，有时还会停下，甚至回头逆行一小段，然后再停下，再回头继续前行。

　　人类真应该感谢行星，如果没有行星，人类似乎就不会遇到那么多的困扰，但是如果没有行星的"勾引"和"暗示"，也许人类将永远无法探寻到太阳系的真相。

　　五大行星的行动如此"诡秘",让人难以理解,但这些"诡秘"的行踪从长期来看又是遵循一定的规律的:水星和金星总是在太阳两侧徘徊,从东大距(昏星)到西大距(晨星),再从西大距(晨星)到东大距(昏星),循环往复,它俩又都是在从东大距(昏星)到西大距(晨星)的过程中出现逆行;土星、木星和火星可以离开太阳的"控制",围绕地球转圈,可以转到与太阳相同的位置,天文学上称为"合日",也可以转到与太阳相对的地方,和太阳隔着地球相望,天文学上称为"冲日",从合日到冲日,再从冲日到合日,循环往复,它们又都是在冲日时刻的前后出现逆行。水星、金星是在东大距、西大距前后最亮,土星、木星、火星在冲日的时候最亮;水星与地球的会合周期是 116 天左右,金星与地球的会合周期是 584 天左右,火星与地球的会合周期是 780 天左右,木星与地球的会合周期是 399 天左右,土星与地球的会合周期是 378 天左右;土星在恒星天球的背景下走一圈约 29.5 年,木星在恒星天球的背景下走一圈约 11.86 年,火星在恒星天球的背景下走一圈约 1.88 年,金星和水星,因为它们总是在太阳两边徘徊,所以它们绕地球一圈的时间和太阳一样都是一年。这一切都说明行星的运动其实是有规律可循的,正如中国古代哲人所说"天行有常,不为尧存,不为桀亡",天体运行有自己的规律,这些规律不会因为有圣明的帝王才存在,也不会因为出现昏君而灭亡。

　　对日、月、行星的运动作出合理的令人信服的解释,找到这些规律背后的原因,是任何一个宇宙模型所必须面对的问题,天文学家们为此绞尽脑汁,做了许多猜想。下面是历史上三个主要的,相对比较完整,而且有一定影响的宇宙模型。

二、宇宙的中心是一团烈火

公元前5世纪，古希腊毕达哥拉斯学派的杰出代表菲洛劳斯（Philolaus）提出"中央火"宇宙模型，他说宇宙中心是一团火，地球每天沿着由西向东的轨道绕中央火转动一周。在地球外面是月亮，月亮每月沿着由西向东的轨道绕中央火转动一周；月亮外面是太阳，太阳每年沿着由西向东的轨道绕中央火转动一周。再外面依次排列着水星、金星、火星、木星及土星，最外面的恒星天球是静止的。图5.2是菲洛劳斯的中央火模型。

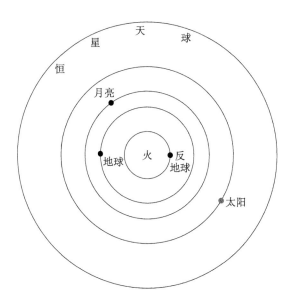

图5.2　菲洛劳斯的中央火模型

他的模型有一个特别之处，在中央火和地球之间还有一个"反地球"，它以和地球一样的角速度绕中央火运行，地球永远以同一面朝着中央火，而希腊人是住在背着中央火的一面，因此，地球上的人是永远看不见中央火的，当然也永远看不见"反地球"。

建立这样的模型，他的理由是什么呢？毕达哥拉斯学派的人都崇尚宇宙和谐，菲洛劳斯认为，日、月和行星每天跟着恒星天球绕地球由东向西转动，但还要向相反的方向运行，这是不和谐的。这个问题该怎么解决呢？唯一的选择就是让地球自己每天自转一圈。

作为毕达哥拉斯学派的一员，菲洛劳斯也坚信数是宇宙万物的本原，自然界的一切现象和规律都是由数决定的，都必须服从"数的和谐"，即服从数的关系。球形是最完美的几何体，所以大地一定是球形的，圆形是最完美的平面图形，所以太阳、月亮和行星一定是在圆周上作均匀运动，他还认为 10 是最完美的数，所以天体一定有 10 个。

10 确实很完美，人的手指是 10 个，脚趾也是 10 个，1＋2＋3＋4 正好等于 10，但可见的天体（包括天球）却只有 9 个，怎么办呢？于是菲洛劳斯创造了一个天体"反地球"来凑足成数。这真是有意思，他竟然完全不考虑现实观测，纯粹按自己的信仰来建构宇宙模型。

由于历史的久远，能保存下来的资料极其有限，我们不知道当年的菲洛劳斯还有哪些具体的想法，为什么会假设宇宙中心有一团火，但是当我们把上述的两个观点结合起来考虑的时候，也许就可以猜测出当年菲洛劳斯的一些想法：为了解决宇宙的和谐问题，地球必须自转，而如果把地球放在宇宙中心自转，那么他所坚信的第 10 个天体"反地球"就没有地方可放，所以必须将地球从中心移开。让地球以一面永远朝着中心的方式每天围绕中心旋转一圈，就可以达到让地球自转的目的，"反地球"也有地方放了。不过让地球、日、月、行星都围着一个什么也没有的中心旋转明显不合情理，于是他在中心放了一团火，这个火很可能也是受到光芒万丈的太阳的启示。为了解决宇宙间有两个火团的矛盾，菲洛劳斯说太阳是一面大镜子，反射了中央火发出的光芒。

也许在今天的我们看来，这个假说太简单，甚至还有点可笑，但是远在两千多年之前，在科学技术还刚刚起步，神灵主宰着整个世界的年代，能提出这样的宇宙模型是极其可贵的。

这个宇宙模型最大的亮点就是地动代替了天动，地球在靠近中央火的地方，每天沿着由西向东的轨道绕中央火转动一周，且一面总是朝着中央火，效果和地球自转差不多，日月星辰的东升西落的视运动获得了比较简单的解释。因为这种运动，我们所看到的日、月、行星每天跟随着天球由东往西围绕地球旋转，却又偏要逆着天球的运动由西往东旋转的矛盾，得到了化解，天球及天球的中心静止不动，五大行星、日、月、地球都按照同一规律由西往东旋转，整个宇宙显得很和谐。

不过问题也是显而易见的，地球每天绕中心运行一周，和恒星的距离就会时近时远，恒星之间的视位置就应该有所改变，除非恒星跟地球的距离是无限远。但按照毕达哥拉斯学派的观点，恒星与地球的距离是有限的，那么为什么从来没有观测到在一天之内恒星之间的视位置有什么变化呢？100年后的亚里士多德就是这样反对中央火模型的。

所谓的"反地球"，是为了把天体凑成10个，这完全是凭空想象出来的，没有任何实际的依据，而中央火的依据又在哪儿呢？这都无法让人相信。

在菲洛劳斯模型的基础上，毕达哥拉斯学派另外两位学者希色

达（Hicetas）和埃克范图斯（Ecphantus）提出地球自转的理论，认为地球处在宇宙的中心，每天自转一周。其后，柏拉图学派的赫拉克利德（Heraclides）继承了希色达和埃克范图斯的观点，以地球的绕轴自转来解释天体的视运动，同时又注意到水星和金星从来没有离开过太阳很远，进而提出这两个行星是绕太阳运动，然后又和太阳一起绕地球运动。其实这几位学者与菲洛劳斯的区别就在于他们并不迷信 10 这个数，这样就不需要考虑"反地球"该放在哪儿，自然也就不需要中央火了。

按照菲洛劳斯继承者的观点，宇宙模型就应该调整为如图 5.3 所示的那样，地球处于宇宙中心，每天（这儿应该指恒星天）围绕

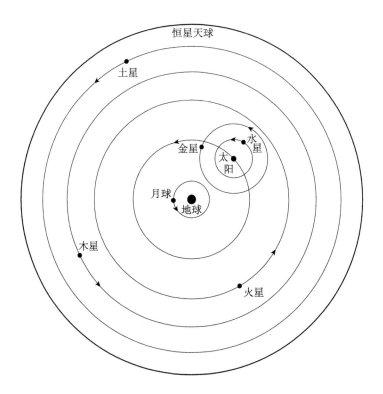

图 5.3　修改后的菲洛劳斯模型

自身的轴旋转一周；靠近地球的是月球，每个月绕地球转一圈；在月球外面是太阳，水星、金星围绕太阳旋转，并跟随太阳一起，以一年一圈的速度围绕地球旋转；太阳外面则依次是火星、木星和土星，再往外就是静止的恒星天球。

修改后的菲洛劳斯模型是一个比较完整的地球中心模型，不过这个模型还是过于简单了，它没有能够解释行星的"怪异"行动，为什么行星的亮度有明暗的变化？为什么它们运行的速度时快时慢？为什么它们会逆行？这都是必须要解释的。当然更不能叫人相信的是地球怎么会运动呢？别说是围绕中央火旋转，就是自转也不行！在那个年代，人们出于常识与直觉实在无法想象他们脚下的地球竟然是在运动着的，所以菲洛劳斯们的宇宙模型没有得到普遍认可，但是他们独到的见解为今后的日心地动说的诞生提供了方向。

三、宇宙的中心是地球

"一计不成，再生一计！"一个模型不成功，就再重新设计一种。

在两千多年以前，绝大多数的天文学家都认为，宇宙的中心一定是地球，难道我们的直觉还会有错吗？在一个旋转运动着的宇宙中，只有中心才会是静止的，所以地球一定在宇宙中心。

毕达哥拉斯学派认为，宇宙是和谐完美的，一切平面图形中最美的是圆形，因此，天体一定是在圆周上匀速运动。如果我们把圆和椭圆都统称为圆的话，这个观点是非常正确的，几乎没有人怀疑这一点，因为没有什么其他的运动形式更能让人理解和接受了。可是事实上，我们看到行星的运动时快时慢，时顺时逆，这又该怎么理解呢？生活在公元前 400 年前后的古希腊哲学家柏拉图（Plato）

认为，这只是一种表面现象，这种表面现象可以用匀速圆周运动的组合来解释。

柏拉图的话为研究天体的运动，尤其是行星复杂的运动指明了方向。太阳和月亮的运行看上去就基本属于匀速圆周运动（只有长期仔细的观测对比才会发现日月的运动并非匀速，而一般肉眼是很难察觉到的），至于行星，尽管行动诡秘，但是每隔相同的时段，它又会重复回到某个地方，一个随意乱跑的天体是不可能这样有规律的，只有在圆周上运动才会让它定期地重复回到某个地方，这说明行星一定是在圆周上运动。在还没有完全了解椭圆的性质之前，古代的天文学家和哲学家们，是无法想象天体除了在圆形轨道上运行外，还能在什么样的几何图形上运行？他们同样也无法想象，在圆形轨道上运行的天体怎么可能时快时慢呢？

现在的问题就是要找到一种组合，使得行星实际上是在圆周上匀速运动，而在我们看起来却是时快时慢，甚至时进时退。天文学家为此开动了脑筋。

柏拉图指出了方向，但他自己并没有想出如何组合的好办法，他在著作《蒂迈欧》（Timaeus）中，提出了以地球为中心的同心球壳结构模型。各天体所处的球壳，离地球的距离由近到远，依次是：月亮、太阳、水星、金星、火星、木星、土星、恒星。当然，如此简单的描述，我们只能当它是一个模型的草案。

欧多克斯（Eudoxus）是柏拉图的学生，他发展了柏拉图的观点，细化了柏拉图的模型，找到了一种圆周运动的组合办法，可以很好地解决行星逆行的问题。

图 5.4 是欧多克斯的太阳运动模型，他用两个同心球的组合来

对太阳周年视运动做解释：外球壳是恒星天球，外球轴也就是恒星天球的两极，内球壳是太阳所在的球壳，内球壳的轴的两端固定在外层球的两个相对点上，与天轴成 23.5 度的交角，这也就是黄道与天赤道的夹角。图 5.4 中虚线为内球壳的赤道（与内球轴的两端等距），也就成了外球壳的黄道，太阳就在内球的赤道线上，以保证太阳在黄道上运行。天球带动内球每天（这儿专指恒星天）自东向西绕天轴一周，内球在"被迫"跟随天球旋转的同时，还在自西向东缓缓转动，一年转一周。这就比较好地解释了太阳每天东升西落，同时又在恒星天球的背景下自西向东沿黄道缓慢运行的现象。

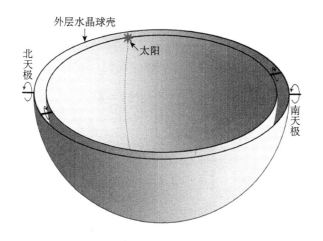

图 5.4　欧多克斯的太阳运动模型

想到这个模型应该说不是很难，因为天文学家很早就知道黄道与赤道是倾斜相交的，黄极就"固定"（实际上并不固定，但移动极其缓慢，数十年都难以察觉）在天球的某一个点上，这个模型可以说就是观测的直接结果，是天极与黄极的组合。将这个模型做一些调整同样可以大体描述月球的运动。不过这个组合并没有解决日月运行的非匀速问题。

太阳、月亮的运行问题勉强算是解决了,但是要想描述行星的运动,这个模型就不够了,因为行星有逆行现象,于是欧多克斯在这个模型的内部再增加两层球壳,用来模拟行星的逆行。增加的两层球壳是这样组合的(图5.5):行星位于最里面的第一层球壳(图5.5中转动轴倾斜的那个)的赤道上,该球层转动轴两极植入外面的第二层球壳。外球壳带动内球壳旋转,如果这两个球壳的转动速度相同而方向相反,并且这两个天球的转动轴在方向上又没有太大的不同,那么行星运动的轨迹将上下往复,呈一个瘦瘦的"8"字形。"8"字形的中点一定是在外层球壳的赤道上,"8"字的竖向中线和外球壳的经线相吻合。"8"字形的中心可以在外球壳赤道上的任何位置,关键点就看这个模型"起步"的时候设计者将它放在什么地方。内轴与外轴的夹角越大,"8"字也就越大,反之则越小,调整这个夹角就可以适应不同行星逆行距离的长短。

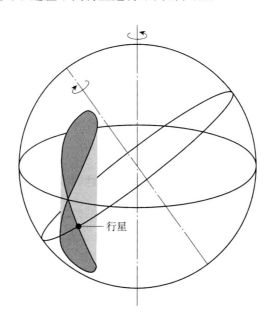

图5.5　两天球壳组合行星呈"8"字形往复

欧多克斯需要将图 5.4 的两个球壳和图 5.5 的两个球壳组合在一起，才能够描述行星的运动，要理解这个模型需要极好的空间想象力，特别有兴趣的读者可以去想象一下，一般读者无需把它想得很明白，只要知道这个组合可以描述行星的逆行现象，就可以了。

图 5.6 为四层天球壳组合成的行星运动模型，行星在最里面即第一层球壳上，每一层球壳的转动轴两极都向外投射，依次植入其外的一层球壳上，但植入的角度与位置是很关键的。最外层的天球的轴就是南北天极，它围绕地球由东往西匀速旋转，每天（这儿专指恒星天）绕天轴一周，这个转动会依次传递给第三、第二、第一层球壳，这可以解释行星每天的东升西落。第三层球壳的轴与第四球壳的轴倾斜 23.5 度左右，以保证该行星在黄道附近运行，第三层球壳由西往东匀速旋转，转速为该行星在黄道上运行的平均速度（如木星 12 年一周），这样可以模拟人们看到的行星在天球上的顺行，这个转动自然也会依次传递给第二、第一层球壳。第二层和第一层球壳按图 5.5 的说明组合好，然后植入第三层球壳，但第二层

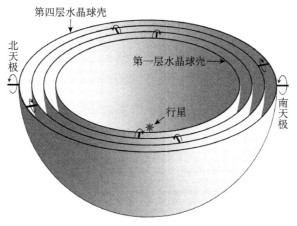

图 5.6　欧多克斯四层天球壳组合成行星运动模型

球壳的转动轴必须与第三层球壳的转动轴垂直，并且第四层球壳上的行星在"起步"的时候必须调整到和黄道一致的位置。

如果没有第三层球壳运动的带动，那么第二层和第一层球壳的组合就会控制行星做"8"字形运动（图 5.5），但是因为受第三层球壳运动的带动，"8"字形就被"扯"开了，形成了类似图 5.7 所示的运行轨迹，于是行星定期出现的逆行就被模拟出来了。根据不同的行星的运行周期，调整球壳的轴线角度，以及调整它们的转速，就可以大致描述各行星的运动。

图 5.7　同心球模型中行星运动轨迹

这实在是一个非常复杂的机械系统，想出这样的圆周组合方案真是很不容易，整个设计体现了欧多克斯高超的数学技巧，他仅仅用匀速圆周运动就解释了多种天文现象，特别是行星的复杂视运动。

欧多克斯的同心球并非物质实体，只是理论上的一种辅助工具，而且上述的用球壳组合起来的模型，只适合模拟一个天体，日、月、五大行星七个天体有七组这样独立的系统，它们互不相关，所以还不能称之为体系。

古希腊哲学家、天文学家亚里士多德接受了欧多克斯的同心球方案，而且他认为，这些同心球层是实际存在的，他要把七个行星（包括太阳和月亮，古代人认为它们也属于行星）都整合到一起，也就是说把七个独立的机械系统整合成一个大的完整的相互接触的体系。为了使一个天体所特有的运动，不致直接传给处在它下面的天体，亚里士多德不得不在载有行星的每一组球层之间插进总共 22 个

"不转动的球层"。这些不转动的球层，和处在它之上的那个行星运动的球层具有同样的数目、同样的旋转轴、同样的速度，但是以相反的方向运动，目的是抵消上面那个行星所特有的一切运动，只把周日运动传给下面行星。这样的整合非常勉强，总共需要有近50个球层，可见极其复杂，没有超强的空间想象力真是无法理解。

亚里士多德体系还将前人的天体次序做了调整：最靠近地球的是月亮，往外依次是水星、金星、太阳、火星、木星、土星和恒星天，请注意，这个次序与柏拉图排列的次序，区别就在水星和金星的位置，柏拉图把它们排在太阳之上，亚里士多德则把它们排在太阳之下，至于什么理由，他们都没有说明白。

另外，亚里士多德体系在恒星天之外还有一层"宗动天"。亚里士多德认为，一个物体需要另一个物体来推动，才能运动，于是他在恒星天之外，加了一个动力天层——宗动天。宗动天的运动则是由不动的神来推动的，神一旦推动了宗动天，宗动天就把运动逐次传递到恒星、太阳、月亮和行星上去。

亚里士多德说，他的体系中的这些球层是像水晶球那样透明的，因此常被后人称为水晶球理论。其实不透明也是不行的，你想呀，这么多球层组合在一起，如果不透明，那整个宇宙不就黑咕隆咚的啦。所以1 000多年里，很多人还真就相信天上有数层透明的水晶球壳。

用匀速圆周运动的组合来解释行星的复杂运动，是这个模型的最大亮点，无疑是向真理迈进了一步，对于后来的天文学家也是重要的启示。不过这个体系一开始就遭到了质疑，按照这个设计，日、月、行星应当和地球永远保持固定的距离，这和观测明显不符。行星在它们的运行周期中亮度会发生明显变化，这意味着行星有时候离地球近些，有时候离地球远些。人们在观测日食时还注意到，有时发生日全食，有时发生日环食，这说明太阳和月亮的距离也会发生变化，这是同心球模型无法办到的。同样，这个模型也无法解释日月运行的非匀速性。此外，按照这种多层的同心球组合，也只能大致描述行星的逆行曲线，和实测的行星运动轨迹难以相符，这一点从图5.7中可以看出来。而且，由于这种球套球的设计实在是过于复杂，后来没有得到进一步的发展。

四、宇宙的中心是太阳

在思考宇宙的模型之前，如果能知道天体的大小及距离，构建宇宙模型就更有依据了。怎样测定天体的大小及距离呢？先从我们最熟悉的太阳、月亮及我们脚下的地球开始吧。

要说测量太阳、月亮及地球的相对距离，真是一件很简单的事，在茫茫宇宙中，日、月、地可以看成是三个点，过任意三个不在一条直线上的点，都可以画出一个三角形。日、月、地绝大多数时候都不在一条直线上，几乎随时可以画一个三角形。我们设月地距离为1，那么只要测出三角形其中两个角，这个三角形就固定下来了，求出三条边的相对长度也就很简单了，即使没有学过三角函数，只要把这个三角形按比例画出来，用尺子量一下也能知道个大概数。

怎么测这个巨大的三角形的三个角呢？站在地球上，测出日地连线与月地连线的夹角，应该比较容易，但另外两个角就必须到月亮或太阳上去测了，这怎么可能呢？但是有人就能凭借超人的智慧，"站到"遥远的月球上去，测出日月连线与地月连线的夹角。这个人

就是出生于古希腊萨摩斯岛的阿里斯塔克斯。

当古希腊众多的天文学家正在冥思苦想日月星辰究竟是如何围绕地球旋转的时候,阿里斯塔克斯竟然大胆地提出,是地球在围绕太阳运动,这真可谓是石破天惊。对于他的生平事迹,我们知道的很少,他大约生活在公元前 310 年至公元前 230 年之间。他写过一篇《论日月的大小和距离》的专论,向我们展示了希腊几何演绎推理的威力,对于这位古希腊杰出的天文学家的天才想法,我们有必要在此较为详细地讲解一下。

如图 5.8 所示,如果有一个圆球,在平行光束的照射下,一半亮,另一半暗,那么,用一个假想的平面 S 在圆球的明暗分界线插入,平面 S 与平行光束必然相垂直。所以,在平面 S 上的任何一点处向圆球的中心看去,该视线与平行光束垂直。

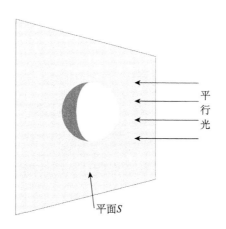

图 5.8 平行光线下圆球分为明暗两半

月球的光来自太阳,这一点已经由之前的希腊天文学家做过论证,另外,天体间的距离非常遥远,太阳光可以近似看做平行光束。

由此,阿里斯塔克斯想到,当我们看见月球正好是半边明亮、

半边黑暗的时刻（这发生在月亮处于上下弦附近时），我们观察者的位置就应该在那个假想的平面 S 上，我们的视线和太阳光在月球中心相交，并且成 90 度的交角。这样，地球上的观测者、月球中心、太阳中心的连线就构成了一个直角三角形（图 5.9）。这是这个天才想法最关键的一步，我们不需要站到月球上去，只是通过推理就可以"测出"特定时刻∠月的度数。学过几何的人对于直角三角形的特点都是非常熟悉的，只要再测出月地、日地连线的夹角（图 5.9 中∠地），就能计算出这三个距离的相对关系。

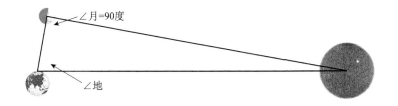

图 5.9　日月地直角三角形

阿里斯塔克斯经过测量（测量的方法应该不成问题，用简单的仪器就可以测量，但测量的精度却大有问题，后面将会讨论）得到的结果是，∠地大于 87 度。有了这个数据，这个巨大的三角形就知道了三个角度和一条边长（月地距离设为 1），计算出日地、日月的相对距离就不是难事，阿里斯塔克斯计算的结果是，太阳到地球的距离是月亮到地球的距离的 19 倍以上。

由于从地球上看，太阳、月亮的大小基本相同（图 5.10），所以，知道了太阳到地球的距离大约是月亮到地球的距离的 19 倍以上，那么太阳直径也就大约是月球直径的 19 倍以上，这用简单的相似三角形的比例关系就可以算出来。

知道了太阳直径比月亮直径大 19 倍以上，下面的任务就是要设

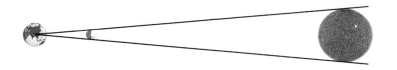

图 5.10　日和月的视直径相等

法求出太阳、月球和地球的相对大小。在阿里斯塔克斯生活的年代，天文学家们已经知道月食是因为月亮运行到了地球的阴影里，也清楚地知道月亮平均每天在天空由西往东走约 13 度，大约每小时走半度，也就是每小时约走一个月球直径的距离。那么通过对月全食的仔细观测，尤其是对持续时间最长的月全食的观测（时间最长意味着月球刚好经过地球影子的中心），我们就能大致计算出月球的直径与地球阴影的直径之比，阿里斯塔克斯得出结论，地球的阴影的直径是月球直径的 2 倍略多（图 5.11）。

图 5.11　月食处地球阴影直径的大小

　　注意，这儿所说的地球阴影，是指在月全食时月球所经过的轨道处的地球阴影断面。该处阴影的直径与地球直径又有什么关系呢？这就需要知道地球影子的形状是什么样的。如果太阳小于地球，地球的本影（没有被太阳光直接照射到的完全黑暗的部分）就会越来越大，是喇叭形；如果太阳与地球一样大，地球的本影就是一个圆柱形；如果太阳大于地球，地球的本影就会越来越小，是一个锥形，这不难理解吧？

　　阿里斯塔克斯已经根据上面的三角形关系，计算出月球直径是太阳直径的1/19，如果太阳和地球一般大，地球直径也就是月球直径的19倍，那么在月全食时，月球通过地球的阴影，将需要十八九个小时，这显然与实际观测不符。如果太阳小于地球，就更无需讨论了，所以，太阳一定比地球大，地球的影子一定是锥形的。

　　那么，地球的锥形阴影在月球的轨道处"收缩"了多少呢？我们知道日全食是因为月球在地球与太阳之间，月球挡住了太阳的光线。月球的影子一定也是锥形的，每次发生日全食，地球上能够看见日全食的地区很小，这说明月球的影子在经过那么长的距离到达地球时，已经接近锥形影子的尖端（图5.12右侧），于是可以近似地看做"收缩"了一个月球的直径。阿里斯塔克斯认为月球是在以地球为中心的正圆形轨道上运行的，当月球运行到地球的另一面进入地球的锥形阴影时（图5.12左侧），根据相似形原理，地球阴影在该处的直径也可以近似地看做"收缩"了一个月球的直径，即此处阴影的直径＝地球直径－月球直径。刚才已经论证过"地球的阴影的直径是月球直径的2倍"（图5.11），所以地球直径就相当于月球直径的3倍略多。

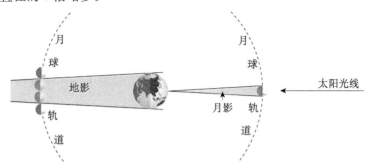

图 5.12　月亮和地球的锥形影子

该有的数字几乎都出来了：太阳到地球的距离是月亮到地球的距离的 19 倍以上，太阳直径也就是月球直径的 19 倍以上，地球直径大约是月球直径的 3 倍，太阳直径就应该是地球直径的 6.75 倍左右，太阳的体积就是地球的体积的 300 倍以上。

这个证明过程一点都不复杂吧？需要的几何知识也很浅易，道理也很清楚，关键就在于你能不能想到它。在那时人们的眼里，地球已经是那么巨大，而太阳竟然比地球还大 300 多倍，那是多么难以想象啊！

生活在 21 世纪的我们已经知道了太阳、地球、月球的种种真实数据，相比较而言，阿里斯塔克斯的数据粗糙得让人难以容忍，例如，他计算出太阳的体积是地球体积的 300 倍多些，而实际上，太阳的体积是地球体积的 130 万倍，差距实在太大了。但是要知道，那是在两千多年以前啊，公元前的 3 世纪，那时候连造纸术都还没有发明出来呢。

无数人都见惯月亮的阴晴圆缺，日全食、月全食也并非十分罕见，可是有谁能这样去想象、能这样去推理？就凭着一双肉眼、简单的天文仪器，以及所掌握的并不精确的几何知识，阿里斯塔克斯第一个去测量那些星球的相对规模和距离，这本身就是一项巨大的成就。看了阿里斯塔克斯，我们就明白什么才叫真正的天才。

用这种方法去测量月、地、日，只能得出极其粗糙的结果，这第一个困难也是最大的问题，就是如何精确判定月亮的半圆时刻。别说是仅凭肉眼，就是有高倍望远镜也无法办到，因为在实际中，月球明暗分界线原本就不是一条非常清晰的线。学过三角形知识的人还知道（正割函数曲线），在上面的直角三角形中，∠地的度数越

接近 90 度，日地距离和月地距离的比值变化就越大，如∠地等于 87 度，日地距离就是月地距离的 19 倍，∠地如果等于 88 度，日地距离就是月地距离的 29 倍，∠地如果等于 89 度，日地距离就是月地距离的 57 倍，越接近 90 度变化就越大，这儿真可以说是"失之毫厘，谬以千里"。实际上，∠地的真实数据是 89.6 度，日地距离是月地距离的约 400 倍，瞧这误差该有多大！

尽管结果是这样粗糙，但阿里斯塔克斯的思路是清晰的，所用的方法是正确的，是非常出色的，假如能够改进观察方法，答案就会准确得多。几何推理的实用价值在于，如果一个结果在几何推理中成立，那么在现实世界中这个结果依然成立（至少近似地成立）。阿里斯塔克斯天才地雄辩地证明了太阳远比地球大，在他之后，没有一个人能跳出来反驳这个结果，所能做的，一种是争论究竟大多少，再一种是对此避而不谈。

一个很大的天体受一个较小天体的支配是不合常理的，是难以置信的，因此，阿里斯塔克斯有充分的理由对宇宙模型提出更为大胆的设想。他指出，恒星和太阳是静止不动的，而地球沿着一个圆形轨道围绕太阳运动，太阳位于该轨道的中央。他清楚这样的假设一定会受到别人的质疑，就像之前的菲洛劳斯中央火模型所受到的质疑一样，因为如果太阳不动，地球围绕太阳旋转，可以想见，地球的轨道是非常之大的，沿着如此巨大的圆周绕太阳运动，它有时会比较靠近某些恒星，有时又会离它们较远，在地球靠近或远离这些恒星群时，它们看起来应该会扩大或缩小，但是天文学家们并未发现这种现象，因此阿里斯塔克斯认为地球必然是在极大的宇宙中不断运动，地球轨道的大小比起恒星天球简直微不足道。这暗示着，

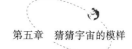

宇宙的浩瀚几乎是难以想象的，无论是我们人类，还是我们的地球，在自然界中都并不占有特殊的地位。

阿里斯塔克斯的假设比哥白尼提出日心说早了 1700 多年，有人称他为古代的哥白尼，其实，把哥白尼称为 16 世纪的阿里斯塔克斯应该更正确。

阿里斯塔克斯的见解实在是太超前了，除了和他同时代的伟大科学家阿基米德关注并记录了他的思想外，其他的天文学家也许根本就不想听他的"胡说"吧。在那个时代，人们更容易接受亚里士多德"天尊地卑"的观点，人们依据直觉，实在无法相信自己脚底下的地球是运动的，如果地球在高速运转，那地面上的一切包括人自身不是都要被"甩"出去了吗？再说了，"眼见为实"，人们亲眼目睹的，确确实实是日月星辰在围绕我们的地球在转呀！

回顾上述的宇宙模型，我们看到了古代的一些天文学家有着多么丰富的想象力，同时又具备何等超凡的智慧，当他们猜测、想象天体是如何运行的时候，他们的心灵已经飞离了地球，甚至飞越到恒星天球外面。

他们所设想出的这些宇宙模型，各有各自的亮点，各有独到的见解，都含有合理的成分。无论是对它的肯定还是质疑，对后来的天文学家都有重要的启发和提示的作用，它们都是人类探索宇宙结构的一个又一个坚实的脚印。

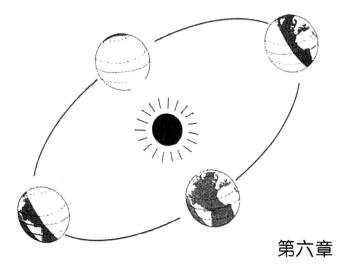

第六章

独步千年的地心体系

中央火模型简洁和谐，但无法解释行星运动的快慢顺逆；水晶球模型运用圆周组合大致模拟了行星的逆行，但无法解释行星的远近变化，也过于复杂；太阳中心模型虽然在今天看来最接近真相，但过于超越时代，在那个年代几乎无人相信。

还是让地球静静地呆在宇宙中心吧，我们不能对天文学家提出超越时代的要求。柏拉图说过，行星运动的快慢顺逆只是一种表面现象，这种表面现象可以用匀速圆周运动的组合来解释。天文学家们在继续寻找一种更好的圆周组合，来搭建新的宇宙模型。

一、大圆小圆组合的魔力

公元前 3 世纪末，古希腊天文学家，同时也是一位杰出的数学

家的阿波罗尼乌斯（Apollonius）提出了一个新的圆周组合的方案：本轮均轮组合。按照他的理论，行星是在一个较小的圆周即"本轮"上匀速转动，而本轮的中心（图 6.1 中 P 点）则在另一个大轮即"均轮"上匀速转动（图 6.1）。

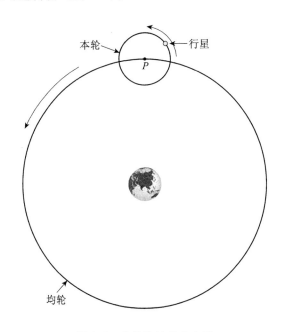

图 6.1　本轮均轮组合方案

这个方案有着划时代的意义，在那之后的一千多年里，天文学家在模拟天体运行的时候，都离不开这个方案，而且在真实的宇宙中也确实存在类似的本轮均轮的现象，所以我们需要在此对这个方案做详细的解释，以便更好地理解后面的宇宙模型。

很多人都到欢乐谷、游乐场等地游玩过，那儿有很多大型游乐设备，如过山车、大摇臂等，惊险刺激，令人难忘。图 6.2 就是一项大型游乐设备的示意图，图中主旋臂围绕中心 O，沿着长划虚线上箭头所指的方向逆时针旋转（后面我们称之为正转）；次旋臂围绕

中心 S，可以沿着短划虚线上箭头所指的方向逆时针旋转（后面我们称之为正转），也可以反向地顺时针旋转（后面我们称之为反转）。游客坐在小悬臂上，为了说明问题，图中画了三个座位，分别是 A、B、C，只画了一位游客，坐在次旋臂 B 的位置上。

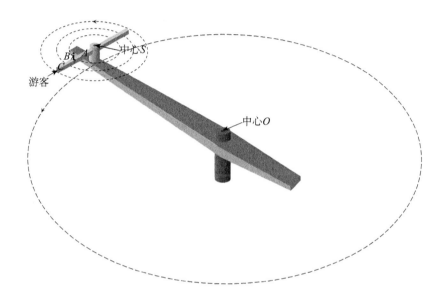

图 6.2　本轮均轮实例——大型旋转游乐设备

在这个设备中，游客围绕中心 S 旋转，旋转形成的圆周（图 6.2 中短划虚线）就叫"本轮"，中心 S 就是本轮的圆心，本轮的半径是多少呢？那要看游客坐在什么位置上，如果坐在 B，本轮的半径就是 B 到中心 S 的距离，其他位置也是一个道理。中心 S 围绕中心 O 旋转，它划出的圆周（图 6.2 中长划虚线）就叫"均轮"，中心 S 到中心 O 的距离就是均轮的半径。我们假设在这个大型游乐设备的正北方有一座高高的观景台，上面站着许多人，从他们的眼里看去，游客是在怎样运动呢？我们选取几种典型的情况来进行讨论，我们在下面的示意图中所看到的运动，都相当于观景台上的人所看到的。

第一种情况见图 6.3，主旋臂旋转一圈，次旋臂按相同的方向也旋转一圈（从图 6.3 中可以看出，主旋臂指向北方的时候，游客 B 在中心 S 的西边，主旋臂转到指向西方的时候，游客 B 在中心 S 的南边，主旋臂转到指向南方的时候，游客 B 在中心 S 的东边，主旋臂转到指向东方的时候，游客 B 在中心 S 的北边，当主旋臂回到指向北方的时候，游客 B 又到了中心 S 的西边，游客 B 围绕中心 S 转了一圈）。由于两个运动完全同步，它们组合起来的运动就很简单，游客 B 就是围绕中心 O 匀速地转了一圈，假如有一个人站在中心 O，他会看到游客 B 围绕自己匀速旋转了一圈。月亮的运动就和这种情况类似，月亮总是固定的一面朝向地球，在我们地球上来看，它只有围绕地球的公转，没有自转，其实从恒星上看，月亮每绕地球一圈，它还自转了一圈。

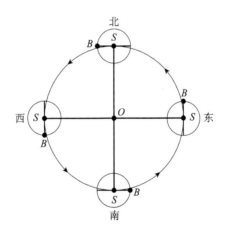

图 6.3　主旋臂转一圈，次旋臂转一圈

第二种情况见图 6.4，主旋臂转动，次旋臂不转动（图 6.4 中游客始终是在中心 S 的西面）。在观景台上的人看来，游客运动的轨迹依然是一个完整的圆（图 6.4 中的虚线所示），它的半径也依然是中

心 S 到中心 O 的距离，它的转速是均匀的，但它的圆心已经不在 O 点上了，假如有一个人站在中心 O，他会看到游客在围绕自己转一圈的同时，离自己的距离有变化，速度也不均匀了，离自己近时速度快些，离自己远时速度慢些。这两种运动组合的结果，相当于一个偏心圆，偏心的程度视游客位置离中心 S 的距离远近而不同。

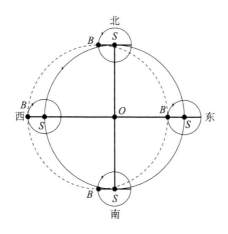

图 6.4　主旋臂转一圈，次旋臂不转

第三种情况见图 6.5，主旋臂转动一圈，次旋臂按相同的方向转动两圈，如果游客坐在 A 的位置，离开中心 S 比较近，约相当于中心 S 到中心 O 的距离的 1/8，观景台上的人就看到如图 6.6（a）中虚线所示的轨迹图，轨迹近似于一个圆；如果游客坐在 B 的位置，离开中心 S 的距离约相当于中心 S 到中心 O 的距离的 1/3，也就是说本轮的半径比较大，观景台上的人就看到如图 6.6（b）中虚线所示的轨迹图，这个轨迹已经明显变形，不能称为圆了；如果游客坐在 C 的位置，离开中心 S 的距离约相当于中心 S 到中心 O 的距离的 1/2，也就是说本轮的半径更大了，观景台上的人就看到如图 6.6（c）中虚线所示的轨迹图，这个轨迹已经产生了小回旋，游客在那

一小段区间内做逆向运动。此外，从图 6.6 还可以看出，游客在运动中速度也不均匀，离中心 O 远时速度快些，离中心 O 近时速度慢些，图 6.6 中相邻黑点间的运行时间是相等的，相邻黑点间的距离大的地方，表示运行速度较快，相邻黑点的距离小的地方，表示运行速度较慢。

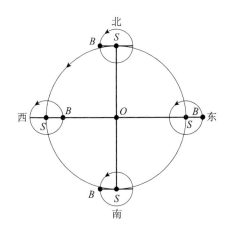

图 6.5　主旋臂转一圈，次旋臂转二圈

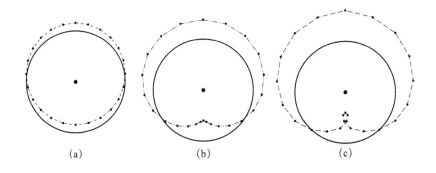

图 6.6　主旋臂转一圈，次旋臂转二圈，游客在不同位置上的运动轨迹

　　第四种情况见图 6.7，主旋臂转一圈，次旋臂转六圈，也就是说，次旋臂转得越来越快了，游客的运动轨迹会怎么样呢？图 6.7 分别画出了游客在 A、B、C 三个位置时运行的轨迹，我们在每幅图

中都看到了五个美丽的花瓣,本轮相对小的花瓣就小,本轮相对大的花瓣就大。假如有人站在中心 O,他会看到:游客在位置 A 时,只有快慢和远近的变化,没有逆行;游客在位置 B 时,出现五次逆行,但逆行幅度较小;游客在位置 C 时,也有五次逆行,且逆行幅度较大。

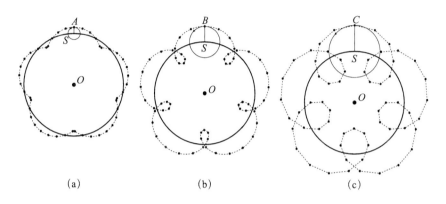

(a) (b) (c)

图 6.7 主旋臂转一圈,次旋臂转六圈,游客在不同位置上的运动轨迹

我们讨论了四种情况,可以得出一些规律性的东西。首先,游客始终是在圆周上作匀速旋转,观景台上的人所看到的游客运动轨迹是两个圆周组合而成的真实的轨迹。其次,游客运动的轨迹图案,取决于本轮与均轮的半径比值和速度比值:如果我们改变半径数据和速度数据,但不改变它们相互间的比例关系,那么游客运动的轨迹图案都和原来是一样的,速度变化规律也都是一样的;如果我们改变它们的比例关系,那么本轮相对较大、本轮的旋转速度相对较快的话,游客的运动就可能会出现逆行,本轮越大,则游客逆行的幅度就会变大,本轮旋转越快,则游客在随主旋臂运行一周的过程中出现的逆行次数就越多。结合图 6.6 和图 6.7 我们可以知道,如果主旋臂转动一圈,次旋臂按相同的方向转动十圈,游客的运动轨

迹就会画出九个美丽的花瓣，以此类推。

对于站在中心 O 的人看游客运动，根据不同的半径比例和速度比例，会有远近的变化、快慢的变化，甚至还有顺行逆行的交替，换句话说，适当改变本轮和均轮的相对尺寸与相对速度，这个合成的圆周运动系统，就可以描述各种各样的远近、快慢和顺逆运动。由此我们看到，本轮均轮可以有无数的组合方法，功能非常多，用这种组合来模拟行星的运动，效果非常好。

阿波罗尼乌斯是怎么想到这么个方案的呢？我们已经无从知晓，但猜测一下也无妨，也许他是在研究水星、金星运行的规律时，受到了启发。这两颗星星总是在太阳左右来回运动，显然，它们不是直接围绕地球旋转。或者它们如柏拉图学派的赫拉克利德说的那样是绕太阳旋转，然后又随太阳一起绕地球旋转；或者它们是围绕日地连线上的"某个点"旋转，然后又随这"某个点"一起绕地球旋转。唯有如此它们才会像我们所观测到的那样始终不离太阳左右，这不就是一个活生生的本轮均轮模型吗？在前面的图 5.3 中就出现过这样的本轮均轮。

水星、金星在各自的本轮上运转，它们的本轮中心则围绕地球运转，那么，火星、木星和土星会不会也有自己的本轮均轮呢？观测表明，这几颗行星有时离开我们很近，有时离开我们很远，有时快，有时又慢，大多数时间由西往东顺行，但又会定期出现逆行，可见它们也不是直接围绕地球旋转，也许它们跟金星、水星一样也有各自的本轮均轮吧。结果证明，用本轮均轮来描述火星、木星和土星的运动，它们的逆行、它们时快时慢及它们离我们时近时远，都和实际的观测高度相符。图 6.8 模拟了本轮均轮组合木星运行的轨迹。

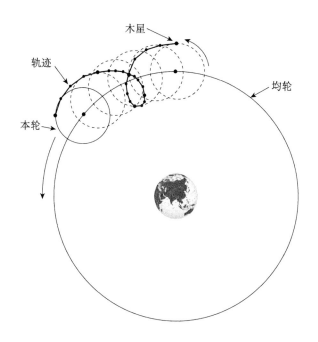

图 6.8　模拟本轮均轮组合木星运动轨迹

　　本轮均轮的组合方法，因为设计精巧，适应性强，功能强大，在科学史上直至近代之前一直无出其右。事后来看，本轮和均轮的引入，使希腊天文学走上了康庄大道，通过本轮和均轮这两个圆的组合，可以高度近似地模拟出五大行星复杂的运动，非常令人鼓舞。

　　同时要注意的是，有关本轮与均轮的组合，还有一种重要的方法我们暂时没有讨论，因为在阿波罗尼乌斯找到本轮与均轮组合以后的一千多年里，包括阿波罗尼乌斯本人在内，没有一个天文学家或数学家注意到还有另外一种本轮与均轮的组合方法，那个方法同样非常重要，这个问题我们留待以后来讨论。

二、让地球偏离中心一点儿

有天文学家说，阿波罗尼乌斯还提出了另一个方案，即偏心圆方案，但也有天文学家说，偏心圆方案是后来的天文学家喜帕恰斯（Hipparchus）提出来的。其实，阿波罗尼乌斯提出的本轮均轮方案中就包含了偏心圆方案，前面的图6.4就是本轮均轮合成的偏心圆，调节本轮的大小，就可以调整偏心圆的偏离程度。不过阿波罗尼乌斯没有具体说明什么行星需要什么样的偏心圆，这个任务的一部分是由喜帕恰斯完成的。

喜帕恰斯是古希腊伟大的天文学家，由于年代的久远，他的著作没有流传下来，现在所知的关于他的工作都是从托勒密的著作中得来的，我们不清楚他的生平，只知道他生活在公元前2世纪。他对天文学有许多杰出的贡献，我们不在此一一列举，仅举两例，来领略一下这位天才的眼光和智慧。

前面我们说过，要想知道一个月到底有多少天，就得去数，如从满月数到下一次满月。什么时候是满月呢？有人会说，就是月圆的时候呗，但什么时候月亮就圆了呢？仅凭肉眼，别说是确定月圆的准确时刻，就是确定月圆在哪一天也不容易，十五、十六的月亮看上去都差不多圆。当然天文学家知道，只要仔细测量太阳和月亮所在的经度，等它们相距180度时，就是月圆的准确时刻。有了准确时刻就可以开始数了吗？是的，但一个人一辈子最多也就数上三四十年，要想得到更精确的数值就困难了，因为我们知道，数的时间越长，平均值就越精确，这个方法适用于所有的周期运动。为了能够得到更精确的数值，天文学家可以一代接一代地数下去，数上个三四百年怎么样？那精确度应该可以了吧，但这种数法就显得太麻烦，也太不聪明了。

到喜帕恰斯生活的时代，天文学家已经了解了月食形成的原因，当日、地、月三者完全在一条直线上的时刻，地球挡住了太阳射向月球的光，于是发生了月食，月食时刻就是精确的满月时刻，不难理解，任意两次月食之间相隔的月数一定是整数，所以从某一次月食发生的时刻数到另一次月食发生的时刻，不是很好吗？怎么以前就没人想到这一点呢？

喜帕恰斯把自己非常精确的月食观测记录和巴比伦流传下来的月食记录进行对比，选择了两次有代表性的月食，这两次月食相隔4267 个月，总共是 345 个埃及年（古埃及历法每年 365 天）再加 82 天再加 1 小时，即 126 007 天又 1 小时，那么，用 126 007.04 天除以 4267 个月，就得到平均每个月是 29.530 59 天，这个数值和今天的精确值相比，只是小数点后面第五位有微小误差。你看，这是多么让人叫绝的聪明做法！

2009 年 7 月 22 日，中国的中部地区发生了一次日全食，安徽的安庆、铜陵处于日食带的中心位置，都看到了日全食。而在安庆、铜陵的正北方的北京市则同一时刻看到了日偏食，当月亮遮住太阳最多的时候，太阳直径的约 4/5 被挡住了。

你觉得这些数据对你有什么意义吗？你由此想到什么了吗？公元前 2 世纪的喜帕恰斯也遇到过一次日全食，有一天，在土耳其附近发生了日全食，而同一时刻，在埃及的亚历山大城，看到的是日偏食，太阳的直径最大被遮住 4/5。作为天文学家的喜帕恰斯敏锐地捕捉到了这一重要信息，因为这等于是测量到了月亮的视差，尽管

这种测量比较粗糙。

什么叫"视差"呢?这儿需要解释一下天文学中经常会提到的"视差"概念及其运用。

人站在一条河的南岸,要想测量河对岸的电杆离自己有多远,有什么办法呢?如图 6.9 所示,人站在 A 点观测河对岸的电杆 D,觉得电杆后面的大树在电杆的东侧;当人走到 B 点时,再观测电杆 D 和大树,大树移到电杆的西侧了。大树和电杆的视位置发生了变化,这就是视差。要想测量出 A 点到 D 点的距离,人无需跑到河对岸去,只需测出 A、B 两点之间的距离,再测出角 A 和角 B 的度数,就可以根据这三个数据画出一个与实际情况完全相似的三角形,根据三角形的特性,就能计算出 A 点(B 点也一样)到 D 点的距离。天体离我们非常遥远,我们无法直接丈量,而几何学给我们提供了解决办法,使我们可以飞越千万里去丈量天体与我们的距离,这就是天文学中,尤其是早期的天文学中经常运用到的视差测距方法,后面我们还会经常提到它。

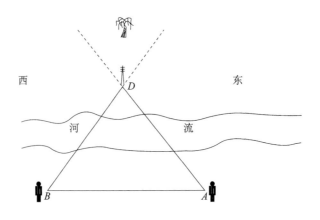

图 6.9 利用视差测距离

有了月亮的视差,喜帕恰斯就能计算出月亮与地球的相对距离是多少，据说证明与计算的过程是这样的，有兴趣的读者可以看看，自己演算一下。

如图 6.10 所示，B 点为土耳其附近的达达尼尔海峡（Helle-spont），在那儿看到了日全食，A 点为埃及的亚历山大城，在那儿看到了日偏食，太阳的直径最大被遮住 4/5。太阳的视直径是 0.5 度，在 A 点看到太阳直径的 1/5（图 6.10 中 CD），所以视角 CAD＝0.1 度。从图 6.10 中看出，角 BEA＝角 EDA＋角 EAD（三角形外角等于两个不相邻的内角的和），由于太阳相比月亮离我们远得多

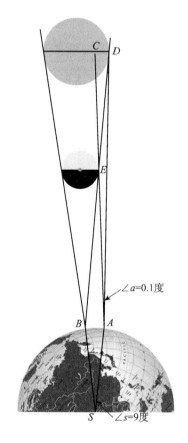

图 6.10　根据一次日食测算月地距离

（古希腊人认为是 20 倍左右，实际是近 400 倍，图 6.10 无法按实际比例画出），所以角 EDA 远远小于角 EAD，因此角 BEA 可以看成近似等于角 EAD，即等于 0.1 度。因为月地距离非常遥远，所以 EA 和 EB 也可以近似为相等。

这样，三角形 EBA 就是一个等腰三角形，我们知道了它的顶角等于 0.1 度，那么只要再知道底边 A、B 两点的距离，就可以算出 EA（或 EB）的长度。喜帕恰斯根据两地的经纬度数据，算出了达达尼尔海峡和亚历山大城间的距离约为地球周长的 1/40，于是求出月地距离约为地球半径的 90 倍。

这种测量与计算是粗糙的，但这种眼光却是天才的。据说喜帕恰斯后来又把其中的数据做了精心调整，重新计算，得到月地距离是地球半径的 59～67.3 倍。

后来，喜帕恰斯又通过观测月亮在两个不同纬度地方的地平高度，得出月亮的距离约为地球直径的 $30\frac{1}{6}$ 倍，这个数字比实际稍小一点。

通过这两个例子，我们看到了一位杰出的天文学家的独到眼光和超凡智慧。

在宇宙结构问题上，喜帕恰斯没有提出一套系统的模型，但是他用偏心圆解释太阳运行的工作做得很仔细，给出了这个模型的具体数值。

我们已经知道太阳在天球上由西往东沿黄道运行一周是 365 天多一点，春分点、夏至点、秋分点和冬至点把黄道这个大圆分成了四段，两相邻点之间的角距离都是 90 度，看上去应该正好把黄道圆周四等分。但是经过仔细的观测发现，太阳从春分点运行到夏至点，需要 94.5 天，从夏至点运行到秋分点，需要 92.5 天，从秋分点运行到冬至点，需要 88.125 天，从冬至点运行到春分点需要 90.125 天。这岂不是表明太阳在天空的运行不是匀速的？

通过对太阳视直径的测量，可以发现在一年中，太阳的视直径是有变化的，因此说明太阳离地球的距离也是变化的，怎样解释这些现象呢？

喜帕恰斯提出，地球不处在太阳圆周轨道的中心，而是"偏心"的，这就是著名的偏心圆方案。当然仅仅说"偏心"还远远不够，向哪边偏？偏多少？喜帕恰斯经过计算指出，地球应该偏离太阳圆形轨道半径的 1/24，地球和太阳轨道圆心的连线与地球和春分点的连线的夹角应该是 65.5 度。图 6.11 就是喜帕恰斯的偏心圆太阳运动模型，我们可以看到，由于地球不在圆周的中心，从地球上看，太阳在上半部分运行的距离要比在下半部分稍长些，所以尽管太阳在圆周上的运行是匀速的，但从地球上看却不是匀速的。

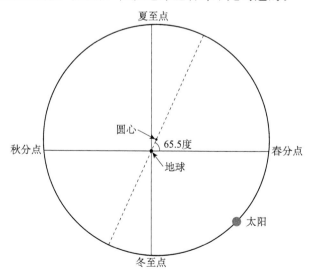

图 6.11　喜帕恰斯的偏心圆太阳运动模型

只要把地球从圆心移开一点,就能很好地解决问题,在你看来这是不是很简单?喜帕恰斯的偏心圆方案既没有违背"天体在圆周上匀速运动"的"古训",又很好地解释了太阳视运动的非均匀性。从喜帕恰斯这儿开始,对宇宙模型的研究不再停留在大致的、草案轮廓式的构建上,而是进入了定量的、有具体数据支撑的、能够预测天体位置的阶段。所以我们后面的讲解就会涉及一些具体数据,会略显"深奥"一点,但读者只需稍微耐心一点,应该不难看懂。

三、完备的地心模型

阿波罗尼乌斯和喜帕恰斯的杰出的工作,为亚历山大城的托勒密的研究打下了坚实的基础。

关于托勒密的生平,现有的历史资料非常少,人们大概地知道,他的祖上是希腊人或希腊化了的某族人,他曾活跃于罗马帝国皇帝哈德良(Hadrian,公元 117—138 年在位)和安东尼(Antoninus,公元 138—161 年在位)两帝时代,而且一直活到马可·奥勒留(Marcus Aurlius,公元 161—180 年在位)皇帝时代。他的所有天文观测都是在埃及(当时在罗马帝国统治之下)的亚历山大里亚城所作。据说他住在一所非常大的图书馆附近,与许多学者为邻,享受着良好的学术氛围,深受柏拉图与喜帕恰斯的影响。人们记住他的名字,是因为他的学说成就,他有十多种著作传世,其中最著名的就是《至大论》,也叫《天文学大成》。它是天文学的百科全书,自问世以后,在长达一千多年的时间里,都是天文学界的最高权威。

托勒密在书中构造了完备的几何模型,以描述太阳、月球、五大行星、全天恒星等天体的各种运动,他设想宇宙有"九重天",即九个运转着的同心的晶莹球壳。最低的一重天是月球天,其次是水星天和金星天；太阳居于第四重天球上，它是宇宙的主宰、世界的灵魂，以它巨大的光辉照亮宇宙；第五到第七重天依次是火星天、木星天和土星天；第八重天是恒星天，全部恒星都像宝石一般，都镶嵌在这层天界上；在恒星天之上，还有一重最高天，即原动天，那里是神灵居住的天堂。每一层球壳都很厚，足以容纳全部本轮，而且一个连接一个，一个天体离开地球最远的距离，就是它上面一个天体最接近地球的距离。全部球层受原动天推动，自东向西环绕地球作周日旋转；除恒星天外，其余七重天又都有各自的与周日旋转相反的运动（图 6.12 为平面示意图，图 6.13 为欧洲人绘的立体示意图）。

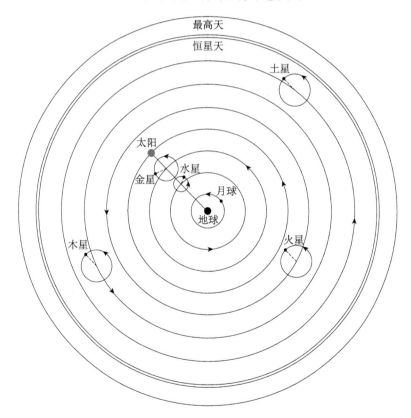

图 6.12　托勒密的地球中心模型

图 6.13　欧洲人绘制的托勒密体系立体示意图

　　这个体系似乎也没什么特别新鲜的地方，日、月、行星的排列，除了水星和金星总是有争议外，其他的排列几百年来都没变过。和以前的宇宙模型不一样的地方是，托勒密综合采用阿波罗尼乌斯的本轮、均轮和喜帕恰斯的偏心圆来解释太阳、月亮和行星的运行。

　　在托勒密以前的宇宙模型中，大多偏重对宇宙结构的定性描述，他们所强调的是创意，是构思，是天体运行的大体情形，就像一幅草图、轮廓图。他们不描述天体运行的细节，并不太关心这些宇宙模型对具体的天体运动的计算精度，不提供任意时刻天体所在的位置。但是，如果没有细节的支撑，没有详图，你就很难让其他的天文学家及大众接受它。如果按照某一种创意和构思推导出的细节与真实的天象不符，那这种创意和构思就是让人怀疑的；相反，如果按照某一种创意和构思推导出的细节与真实的天象相符程度很高，那就使人感到可信。对于托勒密来说，仅仅用来解释现象的宇宙模型是不够的，他希望他所建立的模型，既可以很好地解释现象，又能够应用于精确的计算。

为此，托勒密进行了非常烦琐复杂的极其艰巨的工作。各个天体运行的本轮与均轮的比率是多少？天体在本轮上运行的方向是怎样的？运行的速度是多少？本轮中心在均轮上的运行方向又是怎样的？运行速度是多少？对每一个天体来说，地球偏离它的轨道中心有多远？在哪个方位？等等，托勒密综合了前人的观测数据和他自己的观测数据，经过复杂的计算，逐一给出了具体的参数，最后再编算成各种天文表，由此能够在任何给定的时间点上，预先推算出各种天体的位置。特别重要的是，根据托勒密模型计算出的天体位置与实际的观测非常接近，这也就是托勒密地心体系之所以能被称为体系的根本原因，这一体系的伟大之处正在于此。

托勒密是怎样测定各个行星及日、月的本轮均轮转速的呢？

天文学家们很早就知道，土星在恒星天球的背景下由西往东运行一周的时间是 29.5 年，木星在恒星天球的背景下由西往东运行一周的时间是 11.86 年，火星在恒星天球的背景下由西往东运行一周的时间是 1.88 年，金星和水星都是 1 年，所以它们各自的均轮转速（也就是我们前面比喻中的主旋臂转速）就一定是 29.5 年、11.86年、1.88 年、1 年和 1 年。

困难之处在于测定各行星在自己的小本轮上的转速，也就是我们前面比喻中的次旋臂的转速，图 6.14 是木星本轮与太阳轨道的关系示意图，木星的本轮在均轮上运行一周的时间经过观测是 11.86

年。让我们选择一个木星和太阳相冲的时刻开始：当木星的本轮中心运行到 P_1 点处时，木星在本轮的 A_1 点，太阳运行到了 S_1 点处，这时，木星与太阳相冲，木星离地球最近，自然也最明亮。399 天后，太阳在自己的轨道上运行了一周多一点，到了 S_2 点处，木星的本轮则运行到 P_2 点处，木星再次与太阳相冲。木星在它的本轮上的运行速度应该是多少才能使它运行到 A_2 点处与太阳相冲呢？从图 6.14 中不难看出，木星在自己本轮上的运行角速度必须和太阳在绕地轨道上的运行角速度完全一致，才能满足这个要求，也就是 1 年转一圈。这样木星逆向的运动就一定会出现在距离地球最近的时候，这与观测是相符的。托勒密正是这样确定木星在其本轮上的运行速度的。

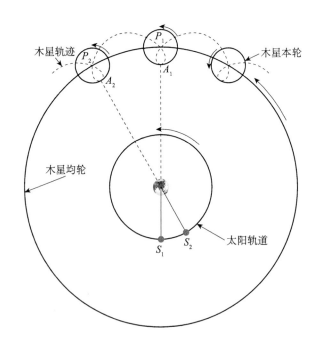

图 6.14　木星本轮与太阳轨道的关系示意图

木星的均轮每转一圈是 11.86 年，本轮转一圈是 1 年，对于站

在均轮中心的我们看来，在 11.86 年的时间周期里，木星平均有近 11 次的逆行，图 6.15 是木星轨迹示意图，我们看到木星在 11.86 年的时间周期里，画出了 11 个美丽的"花瓣"。

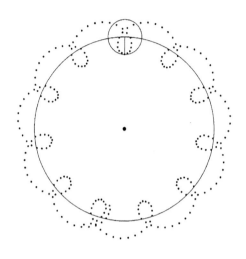

图 6.15 木星轨迹

同样的道理，土星在它的本轮上运行一周的时间必定是 1 年，火星在它的本轮上运行一周的时间也必定是 1 年。因此，在托勒密的宇宙模型里（图 6.12），我们就看到，火星、木星及土星和它们各自的本轮中心的连线永远和太阳与地球的连线相平行。

那么金星与水星呢？由于它们总是伴随在太阳的左右，这说明它们的本轮中心一定就在太阳与地球的连线上，所以它们的本轮在各自的均轮上运行一周的时间都是 1 年整。天文学家们很早就知道，金星在 8 年的时间里，会有 5 次和太阳上合（或下合），在地球上看来，金星围绕它的本轮转了 5 圈。而金星的本轮中心在这 8 年里，和太阳一样，围绕地球转了 8 圈，因此，相对于静止的地球来说，金星在 8 年里围绕它的本轮转了 13（＝5＋8）圈。所以，金星围绕它的本轮转一圈的时间，就是用 8 年的天数除以 13 圈，即 225

日/圈。

同样的道理,水星在 46 年零 34 天的时间里,有 145 次和太阳上合(或下合),相对于静止的地球来说,水星在 46 年零 34 天的时间里围绕它的本轮转了 191(=46+145)圈。所以,水星围绕它的本轮转一圈的时间,就是用 46 年零 34 天的天数除以 191 圈,即 88日/圈。

确定了五个行星各自本轮、均轮的转速,还需要知道每一个行星的本轮与均轮的半径的比值是多少。比值过小,行星的轨迹就不会出现逆行,比值过大,行星逆行的距离就太长,所以必须根据观测计算出合适的比值,才能使得行星逆行的距离和实际的天象相符,这是一项很困难的工作。经过观测与计算,托勒密求出土星、木星、火星、金星、水星的本轮与均轮半径的比值分别为 6.5/60、11.63/60、39.5/60、43.17/60、22.5/60。注意,这五个比值中,前三个比值的倒数分别是 9.23、5.16、1.52,加上后两个比值 0.72、0.38,它们和我们现在所知道的这五个行星的轨道半径与地球轨道半径的比值非常接近,这绝对不是一种巧合。还记得我们前面说过吗,有关本轮与均轮的组合,还有一种重要的方法我们还没有讨论,现在我们也不讨论,但我们要记住这五个比值,它们和我们以后的讨论有密切联系。

随着观测资料的积累,托勒密进一步发现行星运动也存在明显的非均匀性。以火星为例,在一个周期中的某些日期,它在均轮上应到达的位置,按等速圆周运动的理论推算,与观测到的实际位置相差可达 20 余天之多,以至喜帕恰斯用来解释太阳运行非均匀性的偏心理论对行星也难以适用。于是,他提出了"偏心匀速点"(equant)概念。什么叫"偏心匀速点"?我们还是以游乐设备为例,

图 6.16 中，有两个人站在中心圆立柱的两侧，一个在 E 点，一个在 M 点，他们和圆立柱中心 O 在一条直线上，并且和中心 O 的距离相等，均轮（图 6.16 中长划虚线）对于站在 E 点的人来说是一个偏心圆。在前面的讨论中，中心 S 围绕中心 O 匀速旋转，也就是说，本轮中心在均轮上匀速运动。现在我们对此作出调整，让中心 S 在围绕中心 O 旋转的时候，从站在 M 点的人看来是匀速的，而对于站在圆心（即中心 O）和站在 E 点的人来说，本轮中心在均轮上的运动是非匀速的。结合托勒密的模型，游客就是行星，E 点就相当于地球的位置，M 点就是所谓的偏心匀速点。托勒密独创的这个"点"确实有点玄乎，但是它和椭圆的两个焦点有着某种关联，可见托勒密并非在"瞎想"。

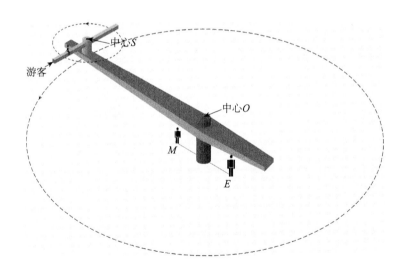

图 6.16　偏心匀速点

本轮、均轮加偏心圆，再加偏心匀速点，这就是托勒密的行星模型。

托勒密在后来的被称为《行星假说》的著作中，将他的各个行

星模型整合为一个物理上真实的系统，他假定天空中所有可能的高度都被诸行星占满：每个行星都有自己时时占据的高度带，这些高度带相互之间既不重叠，也没有缝隙。

当然还有很多的参数是托勒密要考虑的，如地球偏离各个行星均轮的中心有多远？在什么方位？等等，只有在各个细节上充分完善，这个模型才更具有实用性。总之，通过精心选定大球（均轮）和小球（本轮）的参数，这种大球套小球的模型在精度上很好地符合了当时的实际观测情况，在物理学上又与亚里士多德体系相契合，所以托勒密的地心体系能够独霸天文领域长达 1 000 多年。

16 世纪著名的天文学家哥白尼这样评论："亚历山大城的克洛狄阿斯·托勒密，利用 400 多年期间的观测，把这门学科发展到几乎完美的境地，于是似乎再也没有任何他未曾填补的缺口了。就惊人的技巧和勤奋来说，托勒密都远远超过他人。"

英国剑桥大学教授、天文学家米歇尔·霍斯金评论说："希腊人设计能够描述太阳、月亮和五大行星运动的几何模型的战役，由托勒密的天文学著作带来了令人自豪的胜利。行星的未来位置，现在可以被预言得令人赞叹，看来几乎没有理由设想，未来的天文学家还能在推算和观测之间作出更好的吻合。"

托勒密汲取和总结了古希腊天文学家的智慧与成就，创立了以他的名字命名的地心体系，这个体系得到了越来越多天文学家的认可，很快就成为古代西方世界学习天文学的标准教材。在他以后的1300 多年间，没有一个天文学家再提出过新的更合理可信的以地球为中心的宇宙模型。

能够很精确地预测天体在任何时刻的位置，是这个模型最大的成功之处，这一定不是"碰巧"，也许，这就是真实宇宙的模型？或者说我们已经离宇宙的真相很近了？

四、对托勒密地心体系的质疑

托勒密体系已经如此严密，如此实用，其他的天文学家还会有什么疑问吗？但事实上，对托勒密体系的质疑从来都没有停止过，它所暴露出来的许许多多问题，让其他的天文学家难以相信它就是真实宇宙的模型，换句话说，距离真实的宇宙，它还有很长的路要走。

1. 月亮模型失真

最明显的莫过于托勒密的月亮运动模型，携带月亮运动的本轮，相对于它在其上运行的均轮来说异乎寻常的大，这样，月亮和地球的距离可以在33～64个地球半径这样大的范围内变化，那么月亮在离我们最近的时候与离我们最远的时候，它的直径看上去就应该有近一倍的变化，而大家都知道，事实上月亮视直径的变化非常微小。托勒密自己也承认这个瑕疵，那托勒密为什么不把月亮的本轮设计得小些呢？不能，因为如果把本轮改小了，其他的天象就又不相符了，这就叫"没有办法"。这也说明，托勒密至少是没有"猜"对月亮的真实运行情况。

2. 缺乏和谐性

自从毕达哥拉斯提出宇宙和谐的观点以后，绝大多数天文学家都非常认可。恒星天球由东往西围绕地球转，而日、月、五大行星既"被迫"随着天球围绕地球由东往西转，却又偏要逆着天球的运动，由西往东走，这两种对立的运动怎么看都"不和谐"，这是一个

老问题了，但托勒密同样解决不了。公元前 3 世纪的阿里斯塔克斯就雄辩地论证过，太阳的体积比地球大数百倍（详见第五章），托勒密也计算出太阳到地球的距离是地球半径的 1210 倍，太阳半径是地球半径的 5.5 倍，所以太阳的体积就是地球体积的 170 倍左右。尽管他们计算的结果误差实在太大，但太阳比地球大很多这是没有争议的，一个这么大的天体围着一个小小的天体旋转，这合乎常理吗？

3. 没有理由的天体顺序

从柏拉图，到亚里士多德，再到托勒密，他们的宇宙模型中，五大行星的顺序是一个值得注意且比较有趣的问题。柏拉图认为天体离地球的顺序是这样的：月亮、太阳、水星、金星、火星、木星、土星、恒星。亚里士多德则认为天体离地球的顺序应该是：月亮、水星、金星、太阳、火星、木星、土星和恒星，托勒密也是这样安排天体的顺序的。争议就在金星和水星，它俩总是伴随在太阳左右，所以古人认为它们的绕地运行周期也是一年，柏拉图认为它们在太阳之上、火星之下，亚里士多德则认为它们在太阳之下、月亮之上，还有的天文学家则把金星摆在太阳上面，水星在太阳下面，众说纷纭，但都说不出一个所以然。托勒密也一样，他把金星放在太阳下面，水星则在金星下面，托勒密说，太阳应在呈现出冲的行星和没有冲的行星之间运行。这个论点显然没有说服力，矛盾就在眼前，因为月亮每个月都会与太阳相冲（即月日相距 180 度的时刻），这个事实就暴露出上述说法的谬误。至于为什么金星在上、水星在下，托勒密同样说不出更多的理由，如果水星在上、金星在下又有什么不可以呢？就像《剑桥插图天文学史》的作者米歇尔·霍斯金说的那样：这样的排序，恐怕也不会比掷一个硬币有更多的依据了。随

意安排的天体顺序怎么能叫人相信呢？

4. 缺乏统一性

前面我们说过，在托勒密的宇宙模型中，行星被分为两大类型：水星和金星的本轮的中心被牢牢地拴在地日连线上，它俩沿着均轮运行一周的时间是一年整，而火星、木星和土星与太阳的角距离可以是任意的，它们在各自的本轮上运行一周的时间都是一年整。五大行星的运行都含有和太阳相同的周年因素，但两个是在均轮上，另三个是在本轮上，正好相反。为什么会是两大类型？为什么水星和金星的本轮中心会被牢牢地拴在地日连线上？而为什么火星、木星和土星与它们本轮中心的连线永远平行于地日连线呢？为什么五大行星的本轮均轮模型中都含有周年因素？托勒密说不出所以然。托勒密用几何图解法描绘了各个行星的视运动，为了使计算更能符合实际的天象观测结果，他需要把行星一个个地分别对待，太阳、月亮、水星、金星的运动各有一套模型，火星、木星和土星的运动又另有一套模型，作为一个完整的体系，就显得很混乱。所以哥白尼说："他们的作法正像一位画家，从不同地方临摹手、脚、头和人体其他部位，尽管都可能画得非常好，但不能代表一个人体。这是因为这些片段彼此完全不协调，把它们拼凑在一起就成为一个怪物，而不是一个人。"

5. 谜一样的本轮、均轮

托勒密的地心体系无法决定均轮和本轮的绝对大小，托勒密只需要知道各本轮与均轮的半径的比值，也就是说，在托勒密模型上，你可以把土星的均轮画大些，也可以画小些，只要它的本轮与均轮的比值不变，都不影响对土星位置的计算和预测，我们在第五章里

专门讨论过本轮均轮组合的这一特点，请读者记住这一特点，我们后面还会认真讨论它。其他几颗行星也是一样，画大画小无所谓，甚至你可以把木星画到土星外面，把火星画到金星里面，打乱原来的排序，都不影响对各行星位置的计算和预测，总之一句话："你随便画"，各种天文现象并不依赖于行星轨道的大小和次序。但是在真实的物理世界里，轨道的大小一定是具体的，可是托勒密不知道，测算不出来，它们永远是个谜。

6. 虚无的几何点

托勒密为了解决行星运动速度不均匀带来的偏差，发明了偏心匀速点，它确实可以解决很大的问题，但是在真实的物理世界，真有那么一个点吗？这是很多天文学家所怀疑的。11 世纪，西阿拉伯学派天文学家以后，兴起了反托勒密的思潮。这种思潮由阿芬巴塞发端，阿布巴克尔和比特鲁吉为其继承者。他们反对托勒密的本轮假说，理由是行星必须环绕一个真正物质的中心体，而不是环绕一个几何点运行。在真实的物理世界中，如此庞大的天体居然围绕一个什么也没有的几何点运转，这几乎没有可能。

7. 过于复杂

在托勒密的本轮均轮系统中，除了太阳以外，月亮及五大行星都不是直接围绕地球旋转，而是围绕各自的本轮旋转，其本轮中心沿着均轮运行，这问题还不能算很复杂，但是地球并不在均轮的圆心上，而是偏离均轮中心一定距离的某一个方位上，本轮均轮系统与偏心圆相结合，问题一下子就复杂多了。再说每个均轮的平面与黄道面有一个倾角，均轮与本轮各自的平面之间又有另一个倾角，这两个倾角之值又不相等，再加上"偏心匀速点"的引入，这就使问题变得非常烦琐。据说，13 世纪时，一位通晓天文学的西班牙卡斯提腊国王阿尔芳斯（Alfonso，1221—1284 年）感到托勒密体系的结构太复杂，曾说了一句"上帝创造世界的时候要是向我征求意见的话，天上的秩序可能安排得更好些"，便被指控为异教徒，连王位也革除了。

托勒密体系自诞生以后，独步千年没有遇到过真正的挑战，它的确有非常成功的地方，但它暴露出的问题也很明显，对它的质疑从未停止，上述的几个疑问就足够影响托勒密体系的生命力了。在探求科学真理的进程中，永远离不开质疑，质疑是一种精神，质疑是一种态度，质疑也需要智慧，天文学也正是在这种质疑中一步步往前发展的。对托勒密体系的质疑推动后来的天文学家去修补它、完善它，或者彻底改变它。

正是因为有了托勒密体系为背景，那以后的新的天文发现只要能证明托勒密体系的错误，就能给地心体系重重一击，新创立的体系只要能在与托勒密体系的对比中显示出较多的优点，就足以赢得其他天文学家和哲学家的肯定。

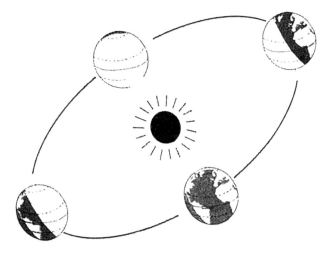

第七章

把太阳放到宇宙中心

一、新体系横空出世

回答对托勒密地心体系的质疑，完善或者根本改变托勒密地心体系，是那个漫长年代里的天文学家的一项重要的任务。我们看到，绝大多数天文学家都是在想方设法完善托勒密地心体系，却没有人对这个体系做根本性的修改。为了提高行星理论的准确性，天文学家不断调整本轮、偏心轮的设计，他们有的给托勒密体系增减数个小轮；有的在新的测量基础上改变托勒密体系中复合轮的转速……然而，托勒密体系已经显露出那么多可疑之处，对它进行修补已经无济于事了。但是历经千年却没有什么进展，新的突破在哪儿呢？

此时的托勒密体系已经超越了科学的范畴,"被动地"披上了宗教的"铠甲"。就在托勒密创立他的体系前不久,基督教开始在欧洲诞生和发展起来,最初的基督教教徒对亚里士多德、托勒密等的理论是排斥的,这种不依赖于神学而独立地研究学术的态度与观点,使教会深感不安。1209年和1215年,已经在欧洲占据统治地位的基督教会曾两次作出决定,不准任何人抄录、阅读和保存亚里士多德及托勒密等的著作,但这种高压措施未能完全奏效,新思想依然在暗暗传播。1231年教皇下令重新修订和评注古希腊的哲学与自然科学著作,于是亚里士多德的哲学被篡改成了论证上帝万能的理论,亚里士多德本人则被捧为基督教世界的思想权威;亚里士多德和托勒密的地球中心观转而受到了教会的青睐,托勒密体系被奉为论述宇宙结构的独一无二的"真理"。在这样的背景下,如果要根本改变托勒密体系,不仅会遭到拥护托勒密体系的天文学家的反对,还会遭到教会的反对甚至迫害,这就不仅需要足够的理由,更需要非凡的勇气。

有谁会有这样的能力与勇气呢? 历史呼唤伟大的天文学家的出现!

从13世纪末开始,到16世纪盛行于欧洲的文艺复兴运动,大大解放了人们的思想,有力地推动了文学艺术及科学的发展。14世纪末15世纪初,在地中海沿岸的一些城市出现了资本主义的萌芽,事业成功的富商、作坊主更加相信个人的价值和力量,社会更加推崇创新进取、冒险求胜的精神,知识与才艺受到人们的普遍尊重。1492年新大陆的发现大大开拓了欧洲人的视野。1519年9月麦哲伦船队往西航行,历经千辛万苦,于1522年9月返回了西班牙,大地是球形的假说在历经两千年后，得到了最有力的证明。

正是在这样的背景下，一个新的宇宙体系诞生了，创立这一全新体系的天文学家就是哥白尼（图 7.1）。

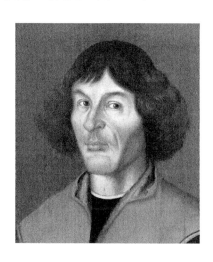

图 7.1　哥白尼

哥白尼，1473 年 2 月 19 日出生于波兰的托伦市（Torun），他早年丧父，由舅父抚养长大。据说哥白尼上中学时就对天文学产生了兴趣，在上大学期间，以及后来在教会供职，他都用极大的精力投入到天文研究之中。经过数十年的研究、思考，他创作了科学巨著《天体运行论》。由于担心公开这些新天文学思想，会受到宗教势力的惩罚，哥白尼迟迟不肯发表自己的著作。经过了长时期的犹豫，在别人的鼓励下，终于在 1543 年，也就是哥白尼临终之前，他的《天体运行论》在德国纽伦堡用拉丁文出版，为了减轻教会方面的压力，他将此书呈献给教皇保罗三世。

哥白尼不是一位职业天文学家，也不是我们前面所说过的星占家，他有自己的职业，所以他是利用业余时间在从事天文研究，他说："在人类智慧所哺育的名目繁多的文化和技术领域中，我认为必

须用最强烈的感情和极度的热忱来促进对最美好的、最值得了解的事物的研究。这就是探索宇宙的神奇运转，星体的运动、大小、距离和出没，以及天界中其他现象成因的学科。"天文学是他终生为之奋斗的事业。

哥白尼说："为了解释天文现象的目的，我的前人已经随意设想出各种各样的圆周。因此我想，我也可以用地球有某种运动的假设，来确定是否可以找到比我的先行者更可靠的对天球运行的解释。"

是呀，谁都没有到天上去过，前人所创建的种种宇宙模型都是假设，我为什么就不能再假设一种呢？何况前人的多种假设存在那么多问题，说明他们的模型与真实的物理世界不相符合，更有必要进行修改或者作出全新的假设，也许我能找到更可靠的假设呢？确实如此，谁都可以假设，怎么假设都行，但关键就在你假设的理由是什么，能否说服别人，否则就会被别人当成胡言乱语，尤其是让地球运动起来的假设，完全违背人的直觉，没有足够的理由，谁会相信呢？

哥白尼所说的"某种运动"首先就是我们今天家喻户晓的地球的自转。这个想法不是哥白尼的首创，远在两千年前，毕达哥拉斯学派的两位学者希色达和埃克范图斯及其后的赫拉克利德就提出过地球自转的假说，但遭到了当时绝大多数天文学家的反对。那么哥白尼重拾他们的观点，理由是什么呢？

哥白尼说，"如果地球有任何一种运动，在我们看来地球外面的一切物体都会有相同的，但是方向相反的运动，似乎它们越过地球而动。周日旋转就是一种这样的运动，因为除地球外似乎整个宇宙都卷入这个运动。"就是说，我们每天都看到日月星辰在东升西落，

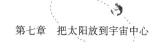

感觉整个宇宙都在围绕我们旋转，这有可能真的是天体绕地旋转，也有可能是地球带着我们在旋转，而我们以为天体在绕地旋转。

为什么我们完全感觉不到我们在高速运动呢？哥白尼说，"当船舶静静地行驶，船员们从外界每件事物都可看到船的运动的反映。而在另一方面，他们可以设想自己和船上一切东西都静止不动。与此相同，地球的运动无疑地会产生整个宇宙在旋转这样一种印象"。

这个道理应该不难理解，中国古代也有人说过，人在大船中关上窗户坐着，"舟行而人不觉"，我们坐过汽车、火车、轮船或飞机的人都有这样的经验，哥白尼时代还没有汽车、火车、飞机，但船是人类很早就创造出来的交通工具。接下来的问题是：那么究竟是地球在自转，还是天体围绕地球在周日旋转呢？哥白尼有什么证据能证明是地球在自转而不是天体围绕地球在周日旋转呢？

先来听听反对地球自转的理由，这个理由已经延续近两千年了。地球是如此的巨大，按照人们已有的常识想象一下，如果地球一天自转一圈，那将会是什么样。哥白尼模仿反对者的口吻说："要使整个地球每 24 小时转一周，这个运动应当异常剧烈，它的速度高得无可比拟。在急剧自转的作用下，物体很难聚集起来。即使它们是聚集在一起产生的，如果没有某种黏合物使之结合在一起，它们也会飞散。托勒密说，如果情况是这样，地球早就该分崩离析，并且从天穹中消散了。此外，一切生物和可以活动的重物都绝不会安然无恙留存下来。落体也不会沿直线垂直坠落到预定地点，因为迅速运动使这个地点移开了。还有，云和浮现在空中的任何东西都会随时向西漂移。"

听起来确实挺吓人的，巨大的地球竟然会飞快地旋转，按照计

算，地球赤道上的人运动的速度，会比马匹奔跑的速度还要快四五十倍，那我们人及地面上的一切还会存在吗？这是多么疯狂的念头。但是，偌大的地球与天穹相比就微不足道了，古希腊的天文学家在论证了大地是球形的同时就已经论证过，地平圈把天球正好分为相等的两半，就说明（见第四章的证明）天穹大得无与伦比，可以说是无限大，地球与天穹相比，不过是极其微小的一个小点，如果是地球静止而天球在转，天球上的无数恒星将要以无法想象的速度每天绕地球一圈，比地球表面上所有物体的运动速度快上无穷倍，那不是更不可思议吗？

于是哥白尼反问："他为什么不替运动比地球快得多并比地球大得多的宇宙担心呢？……运动把天穹驱向愈高的地方，运动就变得愈快。反过来说，随着运动速度的增长，天穹会变得更加辽阔。就这样，速度使尺度增大，尺度又引起速度变快，如此循环下去，两者都会变成无限大。"如果真是这样，宇宙可能早就解体了，所以"实际上，如果是硕大无朋的宇宙每 24 小时转一周，而不是它的微小的一部分——地球——在转，那就会令人惊奇了"。"地球在运动比它静止不动的可能性更大。"

所以，只要肯动脑筋想一想，就不得不承认，让地球自转起来应该更合理些。这正如 19 世纪著名的俄国学者和诗人罗蒙诺索夫在一首打油诗中借厨师之口所说的："我虽然没到太阳上去过，也能证明哥白尼的话一点不错，请问叫炉灶绕烤肉转的厨师有谁见过？"

当然，反对地球自转的质疑也是必须回答的，为什么地球上的物质没有因为地球的飞速旋转而分崩离析呢？为什么云和浮现在空中的东西都没有飞快地向西漂移呢？为什么垂直向上射出的箭没有落到西面很远的地方去呢？哥白尼在书中对此做了回答，不过平心而论，那些回答不能说是很有说服力的，因为那个时候，物理学的理论还没有发展到可以准确地回答此类问题的一步。

接着，哥白尼想，既然天体的周日视运动可以归因于地球的自转，那么天体的周年运动是否也可以归因于地球的另外"某种运动"呢？

哥白尼说，行星看起来有时亮有时暗，说明它们离我们有时近有时远，这件事实确凿地证明它们轨道的中心并非地心。金星和水星显然是以太阳为中心旋转的，它俩偏离太阳不能超过它们的轨道所容许的程度，这就可以说明为什么这两颗行星总是在太阳两侧摆动。另外三颗行星，土星、木星与火星，它们和太阳相冲时（即太阳和行星正好位于地球两侧）离地球最近，因为这时地球位于行星与太阳之间，与此相反，这三颗行星看起来在太阳附近（即太阳位于行星与地球之间）时离地球最远，这些事实足以说明它们的中心不是地球而是太阳，这与金星和水星绕太阳的旋转是一致的。

从地球上看，太阳的视大小变化很不明显，它"绕"地球的转动最有规律，这意味着地球和太阳的距离始终没有大的改变，这只有两种可能，或者是太阳绕地球旋转，或者是地球绕太阳旋转。既然五颗行星都围绕太阳这个中心旋转，那地球也围绕太阳旋转的可能就更大些。

于是哥白尼说："因此我敢断言"，"宇宙的中心靠近太阳"，"太阳是静止的，宁可认为太阳的任何视运动都真是由地球的运动引起的"。"我认为……可以把地球看成一颗行星。"于是在哥白尼体系中，太阳被放在了宇宙中心的位置，而地球则从中心位置被挪开，

成为一颗围绕太阳旋转的行星,这就是哥白尼所说的地球的第二个"某种运动"。

"把地球看成一颗行星。"这个想法也不是哥白尼的首创,1700多年前,古希腊天文学家阿里斯塔克斯就提出地球绕太阳旋转的猜想,由于多种原因,我们所能知道的阿里斯塔克斯的日心猜想只是一个大致的轮廓,而哥白尼构建的以太阳为中心的宇宙模型则是非常完整的,他用诗一样的语言来描绘他的宇宙模型:

"在一切看得见的物体中,恒星天球是最高的了。我想,这是谁也不会怀疑的。""恒星天球名列第一,也是最高的天球。除自身外它还包罗一切,因此是静止不动的。它无疑是宇宙的场所,一切其他天体的运动和位置都以它为基准。"

在恒星天球下面接着是第一颗行星——土星,在土星之后是木星,然后是火星,第四位包括地球和作为本轮的月球,在第五个位置是金星,最后,第六个位置为水星所占据。

"静居在宇宙中心处的是太阳。在这个最美丽的殿堂里,它能同时照耀一切。难道还有谁能把这盏明灯放到另一个、更好的位置上吗?有人把太阳称为宇宙之灯和宇宙之心灵,还有人称之为宇宙的主宰……太阳似乎是坐在王位上管辖着绕它运转的行星家族。"(图7.2)

为了说明自己的宇宙模型中的各个参数都是来自观测与计算,也为了证明自己创立的宇宙体系同样可以解释所有的天象,同样可以预测天体在任何时刻的位置,甚至可以做得比托勒密更好,在哥白尼的《天体运行论》一书中,大多数篇章都是"令人生畏"的数学证明,难怪出版商约翰尼斯·彼得奥斯在书的前面有一句话:没

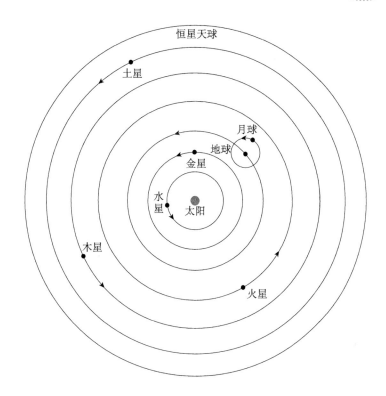

图 7.2 哥白尼的太阳中心模型

有学过几何学的人，不准入内。此外，为了解释行星离太阳也会有时近有时远，哥白尼也采用了本轮与均轮的组合，和托勒密不同的是，哥白尼的行星本轮都很小（示意图中没有画出来）。

这就是哥白尼体系，一个全新的宇宙体系，一个挑战人们的直觉、挑战传统、挑战宗教的体系。这样的体系会有人相信吗？有人敢相信吗？

二、质疑的声音

对任何一种理论或观点，人们完全有权利首先怀疑它，如果它有说服力，才可以去相信它，"疑而后信"是一种基本的科学态度。

让我们来看看哥白尼的理由能站得住脚吗。

哥白尼对地球自转的论点还是比较有说服力的，只有认识到大地是球形的，才能推导出"天比地大，无可比拟"的结论，只有明白"天比地大，无可比拟"，才会意识到，近乎无穷的恒星天球 24 小时围绕"微小"的地球转一圈是不可思议的，就会承认，地球自转的可能要比天球运转的可能大得多。

没有人亲眼见证过地球在围绕自身的轴每天旋转一圈，哥白尼也无法提供其他直接的证据来证明地球在自转，他甚至也无法从理论的高度来解释，为什么我们感觉不到地球在高速旋转，我们为什么没有被"甩"出去，但是他通过对"硕大无朋的宇宙每 24 小时转一周"的强力质疑，排除了这一种可能，也就使地球变得别无选择而"不得不"旋转起来。

相对于地球的自转，哥白尼对地球公转的论证就显得"软弱"多了，尤其是他必须回答一个延续了 1700 多年的反对理由：如果地球真的是围绕太阳旋转，那么相隔半年，从它的轨道此端运行至彼端，两端的距离极其遥远。分别从这两端看恒星，恒星的相对位置无论如何应该有所改变，但为什么天文学家们从来都没有观测到这种改变呢？（图 7.3）

对此，哥白尼的回答和 1700 多年前的阿里斯塔克斯几乎一样："地球与宇宙中心的距离和恒星天球的距离相比是微不足道的"，恒星"非常遥远，以致周年运动的天球及其反应都在我们的眼前消失了"。

还能说什么呢？哥白尼时代用肉眼看到的天象，与 13 个世纪前托勒密看到的天象，以及托勒密之前无数代人看到的天象，基本没

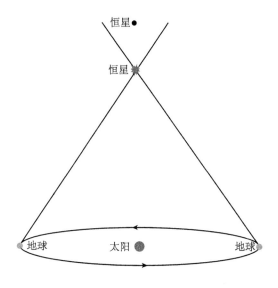

图 7.3　恒星视差

有大的区别，在这 1300 年间，天文学家们也没有什么特别重大的天文发现，哥白尼无法拿出像"恒星的周年视差"这样证明地球公转的直接证据，也无法给地动提供一个物理学基础，要想证明地球是在围绕太阳旋转，真的很难。

看来，说难听点，"地球围绕太阳旋转"也就是哥白尼的"富于想象力"且"有一定道理"的猜测而已。

在哥白尼的日心体系里，六个行星中只有地球带着一个围绕其旋转的伙伴——月球，地球为什么这么特殊呢？这会不会说明地球的确是不同于其他行星呢？哥白尼也无法回答。

更大的问题还有，为了处理天体运行速度的非匀速性，以及天体与轨道中心距离的变化，坚信天体是在圆形轨道上匀速运行的哥白尼，也不得不保留托勒密的本轮，哥白尼体系所需要的参数比起托勒密体系也就少不了多少。为了对天体运行作出符合自己新体系的定量的描述，哥白尼在《天体运行论》里有大量的数学计算，其

复杂性不亚于托勒密体系，在精确度上面也没有什么提高。既然使用上不优于托勒密体系，那还有什么实用价值呢？人们凭什么还要采用这个模型呢？

三、日地易位，满盘皆活

一个新的体系却有这么多缺憾，按理说就不会有人相信了，甚至都不会有人去反对它，更不要说"如临大敌"了。但事实却完全不是这样，哥白尼体系诞生以后，有人用毕生的精力去完善它，有人敢于冒被教会迫害的风险去宣传它，为它提供新的佐证。反对的人和拥护的人，他们都从这个体系中看到了什么呢？

1. 井然有序

1700 多年前的阿里斯塔克斯运用简单的几何知识雄辩地论证了太阳远比地球大，这成了地心体系无法绕过去的老问题，人们仅凭经验与常识就难以相信，太阳这个相对很大的天体竟然会围绕地球这个相对很小的天体旋转。哥白尼体系成功地解决了这个老问题，庞大的太阳成为宇宙中心，地球这个相对很小的天体围绕太阳这个相对很大的天体旋转，显然更合乎常理。

日、月、行星每天跟随恒星天球由东往西旋转，但又在由西往东反向运动，这也是一个静止的地球无法克服的老问题，明显不和谐。在哥白尼体系中，这个问题不存在了，所有的行星（包括地球）都围绕太阳按相同的方向运转，统一、和谐。

哥白尼将太阳静止在宇宙中心，而地球在运动！"摆脱"了托勒密体系"束缚"的地球一旦运动起来，宇宙的秩序便发生了根本性的改变。

天体的排列次序，历来是天文学家面对的一个难题，在地球上的人看来，五大行星也就是五个小亮点，再怎么看也看不出谁近谁远。

（1）按运转周期排序

前面我们说过，古代天文学家是依据天体在恒星天球上由西往东运行的周期来安排顺序的，一个简单的常识性的推理就是，行星离宇宙中心越远，环绕中心运行所需的时间自然越长。土星 30 年，所以离地球最远，木星是 12 年，排第二，火星是 2 年，太阳是 1 年，月球是 1 个月，对这种顺序，历史上几乎没有争论。至少月球的运动可以直接支持这种观点，月球周期最短，它在运行的过程中还会遮掩其他天体，它的视差也最为明显，这都能证明它确实离我们最近。但是金星和水星呢？金星、水星永远在太阳左右运动，它们只有在早晨或黄昏的时候才能被看到，古代天文学家大多认为它们的绕地周期和太阳一样，也是 1 年。那么金星、水星和太阳，谁远谁近呢？

柏拉图认为水星、金星应该在太阳之上，火星之下，亚里士多德和托勒密则认为水星、金星应该在太阳之下、月亮之上，但是他们都说不出能令人信服的理由，尤其是金星与水星之间谁近谁远更是毫无道理，为此在近 2 000 年的时间里，天文学家们都是一头雾水。

在哥白尼体系中，太阳处在中心地位，五大行星还有地球，都围绕太阳旋转，天体的顺序自然就应该按照天体围绕太阳旋转的周期排列。

站在运动着的地球上面，我们怎么才能知道五大行星及地球围

绕太阳运行的周期呢？地球自不必说，太阳的运动最为简单，我们从地球上所看到的太阳的运动，都可以认为是地球自身运动的反映。太阳围绕地球一年转一圈，实际就是地球围绕太阳一年转一圈，这应该没有什么疑问。

那其他的行星呢？如果我们能够直接站在太阳上来观测这五个行星的运动，那就简单多了，但这是不可能的，好在这个问题对哥白尼来讲不算十分困难。

土星、木星与火星在运动的过程中，都会有规律地定期地发生"冲日"现象，即行星和太阳各自位于地球的两侧，从地球上看，它们相距 180 度，叫做"冲日"，这个现象说明它们绕日运行的轨道一定在地球轨道外面。每当冲日发生的时刻，行星、地球、太阳在一条直线上，站在地球上看这颗行星在恒星天球上的位置，与站在太阳上看这颗行星在恒星天球上的位置是一样的（见图 7.4，图中以木

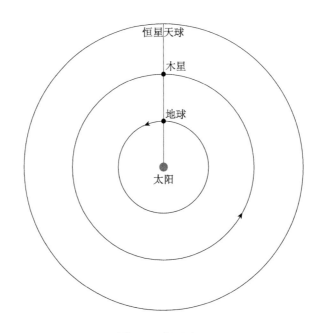

图 7.4　行星冲日

星为例）。把若干冲日的资料汇集起来，就等于我们站在太阳上长期对行星进行观测，因此就不难找出它们围绕太阳运行的周期，甚至某个时段的速度。外行星冲日的历史纪录是很多的，于是就得到土星绕日周期是 29.46 年，木星绕日周期是 11.86 年，火星绕日周期是 1.88 年，这和托勒密体系中的绕地周期是一样的。

水星和金星的绕日周期也不难求得，它们总是在太阳左右来回，永远也不会发生冲日现象，这说明它们的绕日轨道一定是在地球轨道的里面。金星在 8 年的时间里，和地球会合 5 次，换句话说，金星在 8 年里 5 次追上地球，相对于静止的太阳来说，金星实际上在 8 年里围绕太阳转了 13（＝8＋5）圈，用 8 年的天数除以 13 圈，即 225 日/圈。水星在 46 年零 34 天的时间里，和地球会合 145 次，换句话说，水星在 46 年零 34 天里 145 次追上地球，相对于静止的太阳来说，水星实际上在 46 年零 34 天的时间里围绕太阳转了 191（＝46＋145）圈，用 46 年零 34 天的天数除以 191 圈，即 88 日/圈。这正是在托勒密体系中它们围绕所谓的本轮中心一周的时间。

六个行星的绕日周期都有了，按周期长短排列，就像老师将班上的学生按个子高矮排队一样简单，行星们离太阳的距离由远及近依次是：土星（29.46 年）、木星（11.86 年）、火星（1.88 年）、地球带上月亮（1 年）、金星（225 日）、水星（88 日）。水星、金星的位置历经数千年的探索终于被确定下来，这也能很好地解释为什么金星偏离太阳的最大角距会大于水星偏离太阳的最大角距，因为金星的轨道在水星的轨道外面。

（2）按轨道大小排序

按照运行周期来排序，这似乎是一件很自然的事，历来都没有

什么争议，但客观地讲这是基于一种推论，即离中心越远的，轨道就越大，运行周期就越长。一定是这样吗？很难说。为什么离中心近的就不能转慢一点呢？当时的天文学家也说不清。因此，这个观点尽管有道理，却也难免有些武断，其他人完全可以怀疑。只有知道各行星到太阳的真实距离，按照距离即轨道大小来排列顺序，这才是严格的、可靠的。

在托勒密体系中，均轮和本轮的真实大小从来就是个谜，托勒密只需要知道各本轮与均轮的半径的比值，预测各种天文现象时并不依赖于行星轨道的大小和次序。哥白尼则找到了天体排序的第二个标准——按行星轨道大小排序，在哥白尼体系中，计算每个行星到太阳的距离是一件比较简单的事。

对于水星与金星，只要观测它们与太阳的最大距角，就可以大致获得它们与太阳的相对距离（图7.5）。哥白尼认为水星、金星都是在正圆形轨道上运行，因此，在它——如金星——到达离太阳最大角距离的时刻，金星和地球的连线与金星轨道圆周一定相切，金星、太阳的连线与金星、地球的连线相交成直角。那么在直角三角

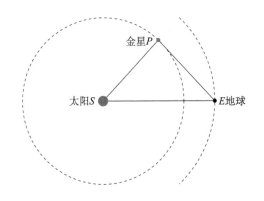

图7.5　测金星与太阳的距离

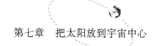
形 SPE 中，观测到了 $\angle E$ 的度数，设 $SE=1$（注意，在后面的很多例子中，我们都将日地距离设为 1，因为那个年代，天文学家还无法测定日地的绝对距离，所以只能测算相对距离），就可以求出 PS 的距离。

用这种方法，哥白尼得到金星到太阳的距离是日地距离的 0.72 倍，水星到太阳的距离是日地距离的 0.38 倍。

对于另外三颗行星（火星、木星和土星）呢？有什么办法可以测得它们和太阳间的相对距离呢？这在托勒密体系中可是一个绝对难题呀，但这个难题对于哥白尼来说一点也不复杂。哥白尼说，任何一次视差观测，都可以得出它们的距离，当然，有意选择行星与太阳相距 90 度左右的时候更好些，因为这种时候行星视差大，计算精度就高。

这儿所说的视差，是指从太阳上看某个外行星与从地球上看某个外行星的差别，当某个外行星与太阳"相冲"时，从太阳上看某个外行星与从地球上看某个外行星是一致的，没有视差（图7.4），当某个外行星与太阳"相合"时，因为太阳挡住了地球的视线，前后一段时间看不到某个外行星，除了这两种情况，其他任何时间从太阳上看某个外行星与从地球上看某个外行星都是有差别的，这就是视差。

在《天体运行论》中，哥白尼列举了三个例子，来分别求出土星、木星和火星与太阳的距离。因为这些例子突出地表现出这个体系的优越性，也展现了哥白尼超人的智慧，而且证明与计算的方法并不复杂，所以很值得讲一讲，下面我们以木星为例，来看看哥白尼是怎么计算的。由于哥白尼体系中行星的运行还离不开小本轮，

使计算有些复杂,对此我做了适当的简化(图 7.6)。从图 7.6 中我们可以很直观地看出,从太阳上看某个外行星在恒星天球上的位置,与从地球上看某个外行星在恒星天球上的位置是不一样的。

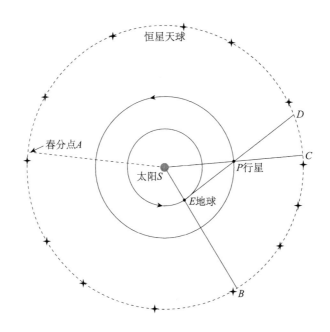

图 7.6 测外行星与太阳的距离

刚才我们说过,利用若干次外行星与太阳"相冲"的观测资料,就不难找出它们围绕太阳运行的周期,甚至某个时段的速度,所以哥白尼可以很方便地计算出(从太阳上看)外行星某一时刻在恒星天球上的位置,而不需要真的站到太阳上去看。

哥白尼在 1520 年 2 月 19 日中午前 6 小时对木星进行了仔细的观测,测得木星 P 的视位置在黄经 205°9′(春分点为黄经 0°),从地球 E 上看去,木星在天球上的 D 点。根据对木星围绕太阳运行规律的掌握,可以求出在这个时刻,如果从太阳上看木星,木星 P 应该在天球上 C 的位置,这是木星在它轨道上的真位置,即黄经 194°50′。

由于 SD、SC 的距离几乎无穷倍于 SP 的距离，从 P 点看 C、D 两点的夹角与从中心太阳 S 看 C、D 两点的夹角几乎完全一样，所以 $\angle DSC$ 和 $\angle DPC$ 可以看做相等，都等于 $10°19'$（$205°9'-194°50'$）。

因为 $\angle SPE$ 等于 $\angle DPC$，所以 $\angle SPE$ 等于 $10°19'$，这就是木星在这个时刻的视差。

根据对太阳运行规律的掌握，可以求出在这个时刻，太阳在黄经 $309°16'$，那么从太阳上看地球 E 呢，两者正好相差 $180°$，地球就在天球上 B 的位置，即黄径 $129°16'$（$309°16'-180°$）。

所以，$\angle CSB$（也就是 $\angle PSE$）就等于 $194°50'-129°16'$，等于 $65°34'$。

$\angle SEP$ 就等于 $180°-65°34'-10°19'$，等于 $104°7'$；或者用 $309°16'-205°9'$，也是等于 $104°7'$。

这样，三角形 SEP 中的三个角的度数都有了。

设日地连线（即图 7.6 中的 SE）为 1，根据三角形的性质，就可以求得木星到太阳的距离是 5.4 倍的日地距离。这是木星在这一时刻离太阳的距离，并不完全等同木星的轨道半径，因为木星轨道不是一个正圆。哥白尼在这个基础上又推导出木星在远日点时，与太阳的距离是 5.46 倍的日地距离，在近日点时，与太阳的距离是 4.98 倍的日地距离。

用同样的方法，哥白尼求出土星在远日点时，与太阳的距离是 9.7 倍的日地距离，在近日点时，与太阳的距离是 8.65 倍的日地距离。火星在远日点时，与太阳的距离是 1.67 倍的日地距离，在近日点时，与太阳的距离是 1.37 倍的日地距离。

五颗行星再加上地球，它们各自到太阳的距离（轨道平均半径）都有了，排序就是一件很简单的事情，最外面是土星（平均 9.18 单位），它离太阳最远，其次是木星（平均 5.22 单位），然后是火星（平均 1.52 单位），地球带上月亮排第四（1 单位），再下面就是金星（平均 0.72 单位），水星（平均 0.38 单位）在最里面，它离太阳最近。这与原先按运行周期排列，顺序完全吻合，行星的位置终于有了更加明确的标准。

哥白尼说："我们从这种排列中发现宇宙具有令人惊异的对称性及天球的运动和大小的已经确定的和谐联系，而这是用其他方法办不到的。""只要'睁开双眼'，正视事实，行星依次运行的规律及整个宇宙的和谐，都使我们能够阐明这一切事实。"

这样的秩序高度统一：包括地球在内的六颗行星遵循同一个规律，顺着同一个方向，沿着各自的轨道围绕太阳旋转，没有"被迫"随天球运动，也没有时进时退的怪异行径。

这样的秩序非常严谨，"以至于不能移动某一部分的任何东西，而不在其他部分和整个宇宙中引起混乱"。

2. 自然、简单地解释天象

无论是托勒密体系，还是那之前的各种宇宙模型，都必须对各种天象作出合理的解释，哥白尼体系也不能例外。哥白尼体系能够解释我们所看到的各种天象吗？能够！不但能够，而且比所有的地心体系都解释得更好，更自然。

(1)"看上去"逆行的行星

行星的逆行历来是困扰天文学家的首要难题，所有的宇宙模型都必须接受它的检验，在这个问题上，亚里士多德和欧多克斯的同

心球（也叫水晶球）模型比菲洛劳斯的中央火模型好，本轮均轮组合模型则比同心球组合模型好，那么哥白尼体系会有怎样更好的解释呢？在哥白尼的模型中并没有描述行星的逆行呀。

哥白尼的解释非常简单：包括地球在内的六颗行星都围绕太阳在旋转，越靠近太阳的行星，运动得越快，于是内圈的行星会一次又一次地超越外圈的行星，就在超越前后的那一小段时间内，站在内圈的行星上看外圈的行星（或者站在外圈的行星上看内圈的行星也一样），外圈（或内圈）的行星相对于遥远的恒星天球就出现了逆行（图 7.7）。

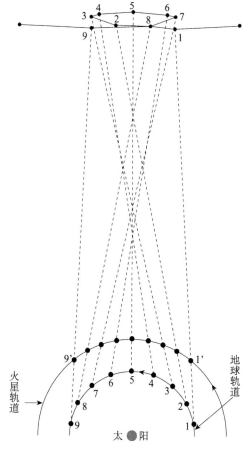

图 7.7　行星逆行的解释

对于地球上的我们来说，土星、木星和火星总是在它们和太阳"相冲"的前后出现逆行，行星"冲日"时刻的位置正是它逆行路段的中点；金星和水星总是在它们和太阳"下合"（由昏星过渡到晨星的那次"合日"）前后出现逆行，行星"下合"时刻的位置正是它逆行路段的中点。这和我们的观测是完全相符的。

由于木星离地球比土星近，比火星远，我们就会看到木星逆行的路程比土星的长，而比火星的短；同样的道理，由于金星离地球比水星近，我们就会看到金星在天球上逆行的路程比水星长。

所以，行星根本就没有时进时退，所谓行星神秘的逆行，只是因为我们站在运动着的地球上"看上去如此"而已。

在托勒密体系中，行星与太阳"相冲"时也是正处在逆行的中点，但那只是因为其均轮和本轮的转速取了特定的值，从而使本轮将行星带回到离中心的地球最近时与太阳"相冲"，如果本轮和均轮的周期在定量上有些不同，那么使逆行的外行星横跨天空与太阳隔着地球相对的定性规律就不会出现，在哥白尼体系中则一定会出现，不管行星在轨道上运行的特定速率是多少。

人类历经数千年的探索，对行星的逆行真可说是"百思不得其解"，为它"绞尽脑汁"，如今在哥白尼体系中终于得到了很简单且很自然的解答。

（2）行星周期摆动的原因

经过长期的观测，天文学家知道了行星在恒星天球背景下沿黄道带运行的周期，但那是平均周期，实际观测中，行星相邻两次回到黄道带上同一位置的时间间隔并不固定。这也是很难理解和解释的现象，托勒密通过大本轮、偏心轮等几何的方法来处理这个问题，

很复杂且无法解释究竟为什么会这样。

哥白尼体系则很好地回答了这个问题，我们不妨用一个简化了的例子来说明它。

假设外行星的运行周期是 1.25 年，也就是说地球运行 5 圈正好等于外行星运行 4 圈，我们从外行星"冲日"的时刻开始观测。图 7.8 为外行星周期不均匀的解释。

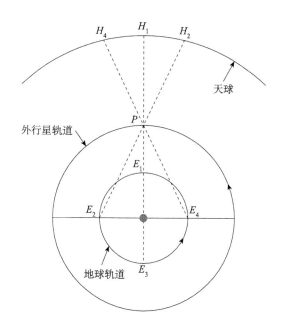

图 7.8 外行星周期不均匀的解释

外行星在 P 点，地球在 E_1 点，从地球上看外行星在恒星天球黄道带上的 H_1 点。1.25 年后，外行星回到 P 点，地球则转了 $1\frac{1}{4}$ 圈到了 E_2 点，从地球上看，外行星在恒星天球黄道带上的 H_2 点，离 H_1 点还有一小段路程；1.25 年后，外行星回到 P 点，地球到了 E_3 点，从地球上看，外行星在恒星天球黄道带上的 H_1 点；1.25 年后，外行星又回到 P 点，地球到了 E_4 点，从地球上看，外行星在恒星天

球黄道带上的 H_4 点，已经多走了一小段路程；1.25 年后，外行星再次回到 P 点，地球也正好回到了 E_1 点，从地球上，看外行星在恒星天球黄道带上的 H_1 点。

也就是说，从运动着的地球上看，外行星第一次回到 H_1 点所用的时间大于 1.25 年，外行星第二次、第三次回到 H_1 点所用的时间小于 1.25 年，外行星第四次回到 H_1 点所用的时间大于 1.25 年。而实际上，外行星的运动周期是固定的。

当然实际上的情况要复杂得多，三颗外行星的绕日周期都不是地球绕日周期的整数倍，但道理是相通的，同样的道理也适用于内行星。行星相邻两次回到黄道带上同一位置的时间间隔并不固定，这也是因为我们在运动着的地球上"看上去如此"而已。

又一个复杂的问题得到了简单的、自然的解释。

（3）行星为何分两类

在托勒密体系中，五大行星被分为两类：土星、木星和火星围绕各自本轮运行一周的时间是一年，而金星、水星围绕各自本轮运行一周的时间却不是一年，但它俩的本轮中心围绕各自的均轮转一圈的时间是一年。为什么分为正好相反的两类？为什么这两类行星的运行模式中都含有和太阳绕地运行的周年因素呢？托勒密体系无法回答。再有，在托勒密体系中，将金星、水星的本轮中心永远固定在太阳与地球的连线上，这是不得不为之的附加条件，唯此金星和水星才能被控制在太阳左右来回，才能和观测相符。但为什么金星、水星会牢牢地被太阳拴住只能在太阳左右运动，而其他三颗行星不被拴住呢？托勒密体系也无法回答。

这一切在哥白尼体系下则变成了一个很好解释的问题。因为土星、木星和火星的绕日轨道在地球绕日轨道外面，它们和太阳的角距离不受限制，而金星、水星的绕日轨道在地球绕日轨道里面，在地球上看，它们就只能在太阳左右运动，这无需什么附加条件。站在太阳的角度看，六大行星（包括地球）在各自的轨道上顺着同一个方向绕日旋转，它们属于同一类型。由于地球围绕太阳每年转一圈，站在运动着的地球上，却以地球为静止的参照物，那么看其他五颗行星的运动，自然就都带有周年运动的因素了。五颗行星，一种是在地球轨道外运行，称为外行星；另一种是在地球轨道内运行，称为内行星，所谓两类行星的区别，仅在于此，没有丝毫神秘之处。

（4）四季变化的原因

一年之中为什么会有四季变化？为什么太阳的升起降落点会慢慢移动？为什么黄道与赤道有二十多度的夹角？对这些问题，哥白尼体系给出的解释也非常简单：因为地球自转轴与地球公转的轨道平面有一个夹角，所以就会产生这类周期性的变化。图 7.9 为四季变化的原因示意图。

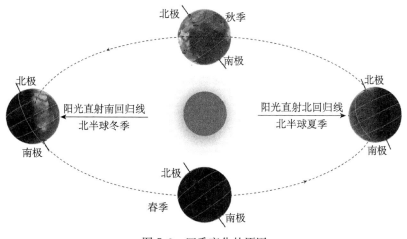

图 7.9　四季变化的原因

3. 模型简洁

与托勒密体系相比，哥白尼体系没有原动天，不需要偏心匀速点，没有大本轮，没有附加条件，因此显得非常简洁。"我相信，这种看法比起把地球放在宇宙中心，因而必须设想有几乎无穷多层天球，以致使人头脑紊乱要好得多。"

但这种说法似乎不太公平，我们看到的托勒密体系的示意图（图 6.12）中，每个行星除了均轮（可认为是轨道）外，都还有一个本轮，而哥白尼体系的示意图（图 7.2）中，行星除了绕日轨道，没有其他的圆圈，但事实上哥白尼体系中每个行星也都有本轮，将哥白尼体系中的本轮"隐藏"起来再去和托勒密体系相比，这太不公平了吧？所以有很多天文学家不认为哥白尼体系比托勒密体系简洁。

其实只要仔细分析一下就不难看出，这样相比也是公平的，图 7.10 为两大体系木星轨迹的对比示意图，托勒密的大本轮主要是为了描述行星的逆行，大本轮与均轮的组合，行星的运动轨迹便如图 7.10（a）中（以木星为例）所显示的那样周期性地环绕，哥白尼的小本轮则是为了解决行星运行速度的非均匀性，小本轮中心在偏心圆上（图 7.10 中按逆时针方向）运行，行星在小本轮上也按相同方向（逆时针方向）运行，本轮转速是均轮转速的两倍，即均轮转一圈本轮转两圈，小本轮在偏心圆上的均匀运动及行星在本轮上的均匀运动，使行星扫描出的不是一个完整的，但却是几乎完整的圆周，在前面讲解本轮、均轮特点的时候，我们就讨论过这种情况［图 6.6（a）］。从图 7.10（b）中我们可以看出，黑点为行星的运动轨迹，它构成一个几乎完整的圆周，但是从黑点的密度来看，上部较密，因为行星在图 7.10 中相邻两个黑点间运行的时间是相等的，黑点较密

处表示行星运行较慢，下部较疏，表示行星运行较快，太阳在圆周中心偏下位置，这和观测的情况相符，即行星在离太阳近的地方运行较快，在离太阳远的地方运行较慢。将两张示意图比较，仅行星运行的轨迹来看，哥白尼体系也明显比托勒密体系简洁。

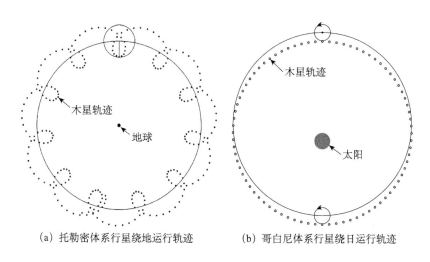

（a）托勒密体系行星绕地运行轨迹　　　　（b）哥白尼体系行星绕日运行轨迹

图 7.10　木星轨迹的对比

自托勒密体系创立以来，历经 1300 多年，现在终于遇到了真正的挑战！

哥白尼说：“为了解释天文现象的目的，我的前人已经随意设想出各种各样的圆周。因此我想，我也可以用地球有某种运动的假设，来确定是否可以找到比我的先行者更可靠的对天球运行的解释。”

了解了哥白尼体系及他所说的理由以后，你会觉得他的“假设”是“更可靠”的吗？有学者说，从纯粹实践角度看，哥白尼的新行星体系是一个失败；它并不比其托勒密派的前辈更精确，也没有显著的简化。

但是当你从另一个角度去看它的时候，你会发现它的和谐、统一、自然和简洁。从古希腊的毕达哥拉斯开始，众多的科学家就信

奉"宇宙是和谐的、简单的"，哥白尼体系表现出高度的和谐、统一、自然和简洁，这是托勒密体系无法相比的，正是由于这种显著的和谐、统一、自然和简洁，哥白尼体系逐渐地征服了越来越多的天文学家和哲学家，哥白尼体系的生命力正是从这些地方体现出来的。

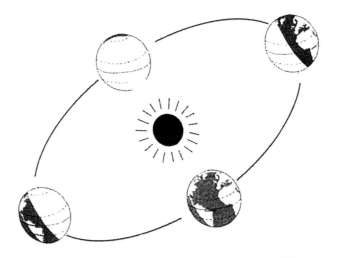

第八章
两大体系手拉手

一、折中的第谷体系

《天体运行论》的出版并没有想象中的那样引起多大轰动，但它的影响是显而易见的，哥白尼死后 50 年间写作的许多高等天文学教本都称他为"第二个托勒密"或"我们时代的巨匠"，这些著作越来越多地从《天体运行论》中借用数据、计算和图表，至少是从它的某些与地球运动无关的部分借用。

1551 年，即《天体运行论》出版后仅 8 年，伊拉斯谟·莱茵霍德用哥白尼建立的数学方法进行计算，发布了一整套新的天文星表，而且这些星表很快就成为天文学家和占星家必不可少的东西。有越

来越多的天文学家或对天文感兴趣的人阅读《天体运行论》，并逐渐由一个相信托勒密体系的人转变为一个相信哥白尼体系的人。

在《天体运行论》出版后的第三年，1546 年，第谷·布拉赫（Tycho Brahe，图 8.1）出生在丹麦的一个贵族家庭，14 岁那年，一次日食引起了第谷对天文的浓厚兴趣，他由此渐渐走上了研究天文的道路。1576 年，丹麦国王腓德烈给予他汶岛的管辖权，他在那儿建造了基督教欧洲第一个主要的天文台。在汶岛的 20 多年里，第谷发展了精度不断提高的仪器，利用这些仪器，他和他的助手们编纂了前所未有的完整而精确的观测记录。他对各个行星位置的测定，误差不大于 $1'$，这几乎已达到肉眼观测所能达到的极限。他和他训练的观测者，把欧洲天文学从对古代数据的依赖中解放了出来，并且消除了一系列由错误数据产生的表面的天文学问题。

图 8.1 第谷·布拉赫

第谷也是一位星占学家，据说他 20 岁那年，在罗斯托克，适逢一次月食（1566 年 10 月 28 日），他推算后宣称：此次月食兆示着奥斯曼土耳其帝国的苏丹苏莱曼（Suleiman）之死，不久果然传来苏丹的死讯。但是后来人们知道这位 80 岁高龄的苏丹其实是死于月食发生之前，在通信方法和工具都很差的年代，第谷在不知情的情况下作出这种预言，也可以算是"很准"的吧？

第谷在汶岛上从事他的天文学研究期间，也要为丹麦王室提供一些服务，如他为克里斯廷（Christian）王子作过一份星占报告，第谷预言：王子的童年将平安度过，因为金星处在有利位置上；尽管由于水星位置略为欠佳，王子会在出生后第二年染上小病，但有惊无险，并不严重。从 12 岁起王子将染上起因于黑胆汁（black bile）的较为严重的疾病。29 岁那年王子必须在健康和尊严两方面都特别小心。56 岁那年是一大关口，因为太阳和火星都不怀好意，金星对此无能为力；倘若王子能够度过这一劫难，他将会有幸福的晚年。

不过，第谷在每份报告后面都要强调指出，他的预言并不是绝对的，"因为上帝根据自己的心意可以改变一切"。这究竟是为了留有余地，好为自己开脱，还是真心劝告别人不要过于相信星占，我们就不得而知了。

每个天文学家都是潜在的宇宙学家，第谷也不例外。第谷熟悉哥白尼体系，并称赞它是"美丽的几何结构"，他承认"只须假设地球运动，五个行星的运行便很容易加以解释。哥白尼把我们从过去数学家所陷入的矛盾中解放出来，而且他的理论更能满足天象"。

但是第谷不能接受地球在运动的观点，他不敢相信偌大的地球

竟会运动。其次,他尽管做了极精细的观测,却始终未能发现恒星因为地球运动而引起的视差效应。这意味着有两种可能:要么地球是静止的;要么如哥白尼所说的那样,恒星的距离几乎是无穷远。第谷不相信行星系与恒星天球之间会有这样广阔的"虚无空间",所以他也就不相信地球会运动。

那么如何保留哥白尼体系的长处,同时又免于陷入地球运动的可笑境地呢?1588年,在一本关于大彗星的书里,第谷"粗略地"公布了这个(后人)以他的名字命名的体系(图8.2)。

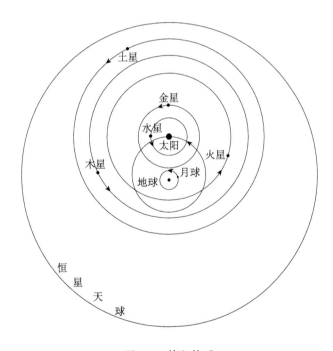

图8.2 第谷体系

地球是静止的,位于宇宙的中心,它周围环绕着月亮和太阳,其他的五颗行星——水星、金星、火星、木星、土星——依次围绕太阳这个中心旋转并在太阳的带动下围绕地球旋转。同时整个恒星天球、太阳及它所带动的五颗行星、月亮一起围绕地球由东往西昼

夜旋转。当然,在完整的第谷体系中,小本轮、偏心圆等也是必需的。

不难看出,这是一个再明显不过的混合体系、折中体系,实在说不上是一种创新。但它又是一个几乎完美的折中方案,它采纳了哥白尼体系的精髓,让五大行星都围绕太阳旋转,保持了哥白尼体系数学上的优势,又保留了传统的地球静止观,以满足人们的直觉,同时避开了物理学、宇宙论和神学上的不利因素。由于第谷体系维护了托勒密体系的地球中心论,又明显优于托勒密体系,它很迅速地取代了托勒密体系。这是托勒密之后的又一个地心体系,可惜的是它来得太晚了,因为新的哥白尼日心体系正在试图摧毁地心体系呢。

二、两大体系的桥梁

很多人,包括一些大天文学家都不理睬第谷体系,认为那只不过就是一个折中方案而已。但是如果我们再仔细地分析一下就会惊讶地发现,这个貌似折中的第谷体系,竟然在托勒密体系与哥白尼体系之间架起了一座桥梁,原先的两个对立的体系之间却有着奇妙的内在联系。

前面我们在讨论本轮、均轮的时候讲过,还有一种重要的情况暂时没有讨论,现在到了该讨论的时候了。让我们先来看图8.3,这也是一个大型游乐设备,和前面讨论过的设备基本意思是完全一样的,所不同的是,现在的次旋臂明显长于主旋臂,坐在次旋臂顶端的游客旋转一圈画出的圆弧(图8.3中长划虚线),包住了由中心 S 围绕中心 O 旋转画出的圆弧(图8.3中短划虚线),也就是说,本轮

大，均轮小，本轮包住了均轮。另外，它的主旋臂的转速加快，而次旋臂的转速减慢，并且低于主旋臂的转速。

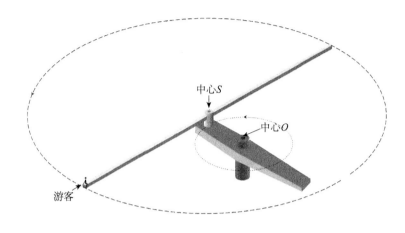

图 8.3　变形后的大型旋转游乐设备

这样的改变有什么意义吗？我们选择两个方案比较一下就更清楚了。

在前面第六章我们讨论本轮、均轮的时候，曾经假设游客坐在游乐设备次旋臂上 B 的位置，B 到 S 的距离约相当于中心 S 到中心 O 的距离的 1/3，主旋臂转一圈次旋臂转六圈，游客的运动轨迹是带有五个花瓣的美丽图案［图 6.7（b）］。现在我们修改了设计，让主旋臂变短而次旋臂变长，主旋臂上中心 S 到中心 O 的距离约为游客到中心 S 的距离的 1/3；转速也改变了，主旋臂转六圈，次旋臂旋转一圈。

经过这样的修改，本轮、均轮的半径及转速都换了过来，那么现在游客旋转的轨迹会是什么样的呢？我们会惊讶地发现，这两种方案，游客运行的轨迹是完全一致的，它们都是带有五个美丽花瓣的图案。图 8.4 是两种游乐设备的精简图，读者可以比对一下它们

各自的运转方式及游客的运动轨迹，也可以再进一步在想象中把图
8.4（b）往左移动，将两个中心 O 重叠起来，你就会看到有一个平
行四边形在运动变幻，顶点即中心 O 固定不动，和它相邻的两个顶
点都围绕中心 O 旋转，游客在另一个顶点上同时围绕那两个顶点旋
转。由此我们可以看出两个方案描绘出同一个轨迹。

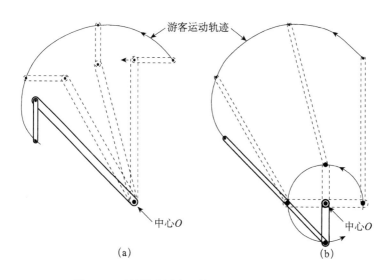

图 8.4　两种游乐设备运转比对-描绘同样的轨迹

这就说明，本轮与均轮是可以互换的，这在数学上也是可以证
明的。既然本轮、均轮可以互易，那下面我们是不是就可以来试试
改造一下托勒密体系了？改造以后的托勒密体系会是什么样子呢？
前面我们说过，托勒密只知道五颗行星的本轮与均轮的比值，不知
道它们的绝对大小，而且不知道也没什么关系，并不影响计算和预
测，那我们就完全可以在不改变比值的前提下，随意调整本轮、均
轮的大小。

首先我们把太阳绕地旋转轨道的半径设为 1 个单位，然后把金
星和水星的均轮放大，使它们和太阳的轨道一样大。均轮的半径被

固定下来，本轮的半径就必然是一个确定的值，那么金星和水星的本轮该是多大呢？托勒密测算过，金星、水星的本轮与均轮半径的比值分别为 0.72 和 0.38，所以金星的本轮半径就是 0.72 个单位，水星的本轮半径就是 0.38 个单位，这两个数值与我们今天所知道的金星和水星轨道的相对数值基本相符。原先这两颗行星的本轮中心始终处在日地连线上，现在这两颗行星的本轮中心就都移到太阳上了，它们的转速依然保持不变，所以实际上金星就以 225 天转一圈的速度围绕太阳旋转，水星就以 88 天转一圈的速度围绕太阳旋转。由于水星的本轮小，金星的本轮大，水星的绕日轨道一定在金星的绕日轨道里面。这样的改造丝毫不影响托勒密体系的使用，不影响对金星和水星位置的预测。

接下来我们改造另外三颗行星，我们先把三颗行星的本轮调整到和太阳的绕地轨道一样大小，本轮的半径被固定下来，均轮的半径就必然是一个确定的值，前面我们在讲解托勒密体系的时候说过，托勒密测算出土星、木星、火星的本轮与均轮半径的比值分别为 0.10833、0.19383 和 0.6583，现在设定了本轮大小，又知道了比值，求出均轮的大小就很简单，土星、木星、火星的均轮半径分别为 9.23、5.16 和 1.52。

最关键的一步就要开始了，这一步，从托勒密到哥白尼的一千多年里，没有一个天文学家和数学家真正注意过。我们把这三颗行星的本轮与均轮互换过来，这样它们的均轮都和太阳的绕地轨道一样大小，转速也和太阳一样，一年转一圈，而它们的本轮半径就分别是：土星 9.09 个单位，木星 5.26 个单位，火星 1.52 个单位，这三个数值与我们今天所知道的土星、木星和火星轨道的相对数值也基本相符。三个行星的本轮都大于均轮，包住了均轮，它们在各自本轮上的转速就分别是：土星 29.5 年，木星 11.86 年，火星 1.88 年。

在托勒密体系中，土星、木星、火星和它们的本轮中心的连线永远平行于日地连线，现在就得改为它们的本轮中心与均轮中心的连线必须永远与日地连线平行，这只有一种可能，就是重合，也就是说这三颗行星各自的本轮中心就必然要落在太阳上，它们在各自本轮上的运行其实就是在围绕太阳旋转。根据它们本轮的大小，或者根据它们在各自本轮上的运行周期，由里往外依次是火星、木星和土星。

奇迹出现了！改造以后的托勒密体系演变成了第谷体系，五颗行星排列有序，太阳的绕地轨道是它们共同的均轮，它们各自的本轮就是它们的绕日轨道，它们都围绕太阳旋转，同时跟随太阳一起围绕地球旋转。站在静止的地球上看五大行星，五大行星的运行轨道就是一个本轮均轮的组合。

依然是地球中心，依然是本轮和均轮的组合，托勒密体系就这样转换成了第谷体系（第谷根据自己的精确观测，对本轮与均轮的比值有微调）。法国天文学家皮埃尔-西蒙·拉普拉斯说："托勒密体系里这种如此简单与如此自然的修改，在哥白尼以前的天文学家竟然都没有察觉，他们中没有一个人由行星的地心运动与太阳运动之间的关系，去探索其原因所在；没有一个人去寻求行星与太阳和行星与地球两种距离之间的关系。"一千多年里有多少天文学家都与这样的发现擦肩而过，探索宇宙结构真相的历史缺失了重要的一环，真是太可惜啦。

　　第谷体系与哥白尼体系的关系就更简单了，第谷从哥白尼体系往后退了一步，现在我们只要从第谷体系往前跨一步就行了。怎么跨呢？

　　从第谷体系转换到哥白尼体系，只需要让地球运动起来。我们知道运动是相对的，在描述物体是否运动时，观察者必须选择一个参照物，然后根据所选定的参照物来确定物体是否运动。也可以说要选择一个坐标系统，而坐标系统的选择只是描绘的手段，毫不影响被描绘的自然现象。

　　为了描绘天体运动，我们可以选择地球是中心，把坐标原点放在地球上；也可以选择太阳是中心，把坐标原点放在太阳上；甚至我们可以选择把月亮当做中心，把坐标原点放在月亮上。如果把坐标原点放在地球上，那就是第谷体系，如果把坐标原点放在太阳上，那就是哥白尼体系。两个体系的关系只不过是区区的坐标变换，它们在数学上是完全等价的。当然，第谷体系中的地球还必须自转起来才能与哥白尼体系真正等价。

　　只需两次转换，托勒密体系就可以变为哥白尼体系，这难道还不神奇吗？数百年以来，很多人都曾经把托勒密体系视为"唯心"的，甚至"反动"的，现在应该可以明白，那是科学家探索宇宙真相的一个过程，一个"中间点"，哥白尼体系又何尝不是如此呢？我们口口声声说的哥白尼宇宙体系，其实就是太阳系的结构，太阳系在整个宇宙中如同沙堆里的一粒沙子，难道我们能因此而否定哥白尼的功绩吗？

　　第谷体系让我们看到了托勒密体系与哥白尼体系之间的内在联系，让我们认识到托勒密体系的科学价值及其在天文学史上的地位。

按照思想发展的次序，第谷体系应该出现于托勒密之后，而在哥白尼以前。但很可惜，哥白尼之前没人发现，哥白尼自己也没发现，提出第谷体系的第谷也没发现，就连后来的伽利略（Galilei）等也没有发现。

三、历史可以假设吗

让我们做一个有意思的假设，如果在托勒密与哥白尼之间漫长的 1300 年时间里，出现一位天文学家，他发现"本轮其实是可以大于均轮的"，"本轮、均轮是互易的"，这并非完全不可能的事情，因为这不需要其他的特殊的历史条件，只要能看到、想到这一点。于是这位天文学家将托勒密体系进行合理转换，提出了第谷这样的新的地心体系，那一定会是天文史上的一个重要里程碑，那之后的哥白尼，就不再需要冒巨大的风险来进行一次革命，而只需要再进一步换算，进行一次改良。如果真是这样，人类对宇宙的认识是不是会显得更按部就班、顺理成章呢？哥白尼体系应该就不会遭遇如此强烈的反对，天文学的发展是不是也会显得更温和些呢？

我们不妨按照这种假设来梳理一下，也许可以让我们更好地领悟人类认识宇宙的进程，看清那一个个探索的脚印。

最开始的时候，人们都觉得大地总体是平的，但无法想象地下有多深，更无法解释日月星辰是如何从西边的地下钻到东边去的；古希腊毕达哥拉斯学派提出了大地是球形的猜想，并进行了论证，还指出天体都是在圆周上匀速运转的，尽管还有很多疑问，但因为证据可靠，大多数天文学家都认可了，球形的大地也是对日月星辰如何穿地而过的最好解释；天文学家们开始对天体的运行方式做种

种假设，早期的宇宙模型是简单的，天体围绕地球在圆周上运行；简单的圆周运动无法解释行星的神秘行踪，于是柏拉图指出，行星运行的快慢顺逆现象可以用匀速圆周运动的组合来解释，于是欧多克斯设计了以地球为中心的复杂的圆球组合；圆球组合只能大体上解释行星的逆行，粗糙且结构异常复杂，也无法解释行星离地球时近时远的现象；阿波罗尼乌斯找到了另一种圆周组合的方法，即本轮均轮组合，这种组合功能非常强大，加上后来的喜帕恰斯的偏心圆方法，行星的时进时退、时近时远、时快时慢都得到了很好的描述；托勒密采纳了本轮均轮及偏心圆方案，并将它细化、量化，组合成一个完整的体系，并且能够成功地预测行星的位置，这个体系已经暗含了行星离太阳的相对距离及行星绕太阳运转的速度。

注意！我们的假设就要开始了！

在托勒密之后的某个年代，某天文学家在思考托勒密体系的种种问题的时候，发现本轮与均轮是可以互易的，而且丝毫不影响预测日、月、行星的位置，于是他将土星、木星、火星的本轮、均轮进行了交换，这三颗行星的均轮就和水星、金星的均轮一样，运转周期都是一年了，接着他又将五颗行星的均轮都调整到和太阳的轨道同样大小，托勒密体系就这样很自然地转换成"五星绕日、随日绕地"的某体系，托勒密体系原先存在的许多问题及无法解释的很多现象都得到很好的解决；到了16世纪，天文学家哥白尼在研究天文的时候，感觉地球静止不动而偌大的天球和日、月、行星以难以想象的高速每天绕地球一圈，简直不可思议，他还发现在某体系中，太阳带领五颗行星围绕地球旋转的时候，地球（包含月球）总是在金星绕日轨道与火星绕日轨道之间穿行，如果太阳静止在宇宙中心，

让地球运动起来，地球的轨道就应该在金星与火星之间，地球的运行周期及地球离太阳的相对距离也表明它就应该在这个位置，于是，哥白尼将某体系中的太阳固定下来，把太阳的绕地轨道换为地球的绕日轨道，让地球每年公转一周，同时每天自转一周，新的哥白尼体系就这样自然而然地诞生了。没有人可以反对，教会也无可奈何，因为数学的推演最严密、最无可辩驳。

简要地回顾与假设，我们就能更清晰地看到，人类探索宇宙结构的步伐是多么艰难而又坚定有序。

当然，历史是不能假设的，真实的历史并没有走这条较为平坦的捷径，第谷体系来晚了，它不是来自对托勒密体系的改良，而是从哥白尼体系的倒退，所以尽管它曾经一度很流行，但终究时间不长。

虽说坐标的转换很容易，原则上说，研究一个物体的运动时，参考系也是可以任意选取的，但是实际选取参考系的时候，往往要考虑研究问题的方便，使对运动的描述尽可能简单。第谷体系，仅仅从示意图上看，就没有哥白尼体系和谐完美，如果将第谷体系的行星"绕日"再"随日绕地"的运行轨迹描绘出来，那是很复杂的路线图，远没有哥白尼体系简洁。

美国天文学家托马斯·库恩说："第谷体系有它独有的不协调：大部分行星严重偏离中心，很难设想任何一种物理机制能够产生出近似第谷的行星运动。"

哥白尼体系不是从托勒密体系直接推演而来，它是一次推倒重来的革命，正因为如此，才会遭到世俗与教会的强烈反对。

透过第谷体系，我们可以想见，在那个时代，在大多数人（包

括许多天文学家）的观念中，地球在运动是多么的不可思议。由此我们可以体会到哥白尼让地球动起来需要怎样的勇气，同时也使我们更加由衷地敬佩两千多年前古希腊的赫拉克利德、埃克范图斯、阿里斯塔克斯，敬佩他们丰富的知识、超常的智慧和勇敢的精神。

第谷毕生都是哥白尼学说的反对者，他的巨大声望推迟了天文学家们转向新的理论，但同时，他制造了一个迅速取代托勒密体系的天文学体系，客观地讲，第谷体系也或多或少地起到了宣传哥白尼体系的作用。

第谷的历史贡献是对天体的大量而精确的测量，而他更大的贡献则是在他临终前不久"发现"了开普勒（Kepler），将他的丰富的观测资料交给了这位"天空立法者"。据说，"最后一天晚上，他神志昏迷，像作诗一样用微弱的声音一遍又一遍地说：'别辜负我的一生……别辜负我的一生。'"

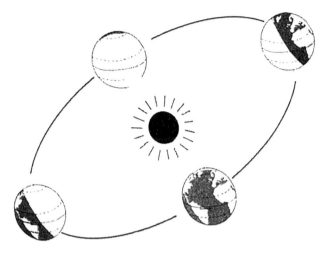

第九章

向胜利挺进

新的宇宙体系要想得到完全的胜利，还有很长一段路要走。前面我们已经提到过，哥白尼体系里的数学运算很复杂，精确度也不比托勒密体系好到哪儿。由于他坚信天体是在圆周上匀速运动，不得不使用小本轮，甚至还引入了本轮的本轮（或者说，第二级本轮，即 epicyclets），就几何模型相比，他所使用的圆圈也不比托勒密少多少。在哥白尼体系中，太阳虽然在宇宙中心，但那是靠近中心，既不是行星围绕的几何中心，也不是物理中心。这些都成为很多天文学家反对哥白尼体系的理由，如果这些问题不能很好地解决，那哥白尼体系还只是一种"断言"，一种"假设"而已。

除此以外，还有来自人们出于常识的反对，非常多的人都不能

接受，也不敢相信人类居住的地球会在高速地运动，他们嘲笑这种疯狂的想法。

更大的反对则来自教会，哥白尼体系是对天主教教义的严重挑战，圣经上说上帝创造了天和地，如果地球和土星、木星、火星、金星、水星一样，是一颗普通的行星，那么天和地怎么区分？地狱与天堂又在哪儿？圣经上说"大地同样坚定，不得动摇"，那么"谁胆敢将哥白尼的权威置于圣灵之上"？哥白尼生前的担忧正在变为现实，捍卫、传播哥白尼体系的学者随时会遭到教会的迫害。

值得欣慰的是，在哥白尼逝世后的一个多世纪里，伟大的科学家相继出现，他们勇敢地捍卫、传播、完善哥白尼体系，将这一体系向前推进，最终取得了完全的胜利。

一、天空立法者——开普勒

1571 年，开普勒（图 9.1）出生在德国南部的瓦尔城，在上大学期间，他对数学和天文学产生了浓厚的兴趣，在老师的影响下，他成了哥白尼体系的热烈拥护者。他说："我从心灵深处证明它是真实的，我以难以相信的快乐心情去欣赏它的美。"

1600 年，29 岁的开普勒受第谷的邀请，携眷来到布拉格，任第谷的助手，协助整理观测资料和编制新星表。第谷非常需要开普勒的数学才能来辅佐自己完成天文理论工作，而开普勒因幼时生病视力受损，需要借助第谷丰富精确的观测资料来进行自己的研究，一个哥白尼体系的反对者和一个哥白尼体系的拥护者就这样戏剧般地走到了一起。但是不幸得很，第二年（1601 年）第谷就因病去世了。这位被称为"星学之王"的天文观测家把他毕生积累的大量精确的

图 9.1　开普勒

观测资料全部留给了开普勒。他生前曾多次告诫开普勒：一定要尊重观测事实！

　　开普勒也是一位著名的星占学家，一位对神秘主义事物十分入迷的天才人物，他深深卷入当时与重大政治、军事形势有密切关系的星占活动，他作为大星占学家的声誉也正是由此而来。

　　著名的华伦斯坦（Wallenstein），是一名德国化了的捷克贵族，天主教徒，三十年战争（1618～1648 年）中神圣罗马帝国的军事统帅。1608 年，有人来找开普勒，要他为一位"不想说出姓名"的贵族排算算命天宫图，并预测此人的未来。开普勒推算之后作出如下预言：

　　（此人）忧郁警觉，酷爱炼金术、魔法和通神术，蔑视人类及一切宗教的戒律习俗，怀疑一切，不论是上帝所为还是人的作为。……他残忍不仁，目中无人，放荡淫乐，对下属严厉凶狠，贪得无厌，到处行骗，变化多端，他常常沉默不语，暴躁易怒，好争

好斗。……成年以后，大部分恶习都将被磨去，而他的这些不寻常的品性会发展为坚强的办事能力。在他身上还可以看到争名夺利的强烈欲望，企求威严权势，因此，他就会有许多强大的、对他不利的、公开和隐蔽的敌手，但他们大部分都将不是他的对手。……他将成为一个特别迷信的人，依靠这种迷信的方法他能把一大群老百姓笼络在自己周围，并被暴徒们推为首领。

这位匿名来求星占预卜的贵族就是华伦斯坦，16 年后，华伦斯坦再次匿名来求，要星占学家为他补充未来命运的细节——他此时即将出任联军统帅，但开普勒拒绝这样做。令人惊奇的是，开普勒为这位统帅所做的星占推算中止于 1634 年，他不愿意继续推算下去，而偏偏就在这一年，这位统帅在达到他成就的顶峰之后，因受到猜疑而被解职，1634 年 2 月 25 日遇刺身亡，据说遇刺时，华伦斯坦没有躲避，没有自卫，任凭一柄长剑刺入心脏。

开普勒一生都致力于行星的真实轨道及其数学规律的研究，他认为，天文学家要寻求的假设，必须不仅要准确地预测现象，而且要看起来符合自然规律，在物理学上站得住脚才行。第一，哥白尼说："小本轮在偏心圆上的均匀运动及行星在本轮上的均匀运动，使行星扫描出的不是一个完整的，但却是几乎完整的圆周。""几乎完整的圆周"究竟是一种什么几何图形呢？也就是说行星的真实的运行轨道是什么样的呢？用什么办法可以测定呢？第二，行星在其轨道上的运动不是匀速的，它们在离太阳近的时候运行得快，离太阳远的时候运行得慢，这些运动遵循的是什么样的数学定律呢？第三，离太阳近的行星运行周期短，离太阳远的行星运行周期长，这其中存在什么样的数量关系，又隐藏着怎样的秘密呢？

拥有了第谷的精确观测资料的开普勒，运用自己的聪明才智，历经数十年的不懈努力，极其出色地完成了自己的历史使命。

第一，行星真实的运行轨道是什么样的呢？

站在运动着的地球上，观测同样在运动着的行星，来求得行星真实的运行轨道，这难度超乎想象，何况地球和行星还都不是简单的匀速圆周运动。也许我们只有站到"天外"回看，才有可能看出行星的真实轨道，但这是不可能的。人们无法离开地球，开普勒敏锐地认识到，必须先知道地球的真实运动，才有可能去测定其他行星的真实运动。

怎样测定地球的真实轨道呢？开普勒设想，如果在地球轨道外面不很远的地方有一盏固定不动的"灯"，利用太阳和"灯"这根"基线"，就有可能测定我们地球的真实轨道，开普勒选择了火星作为这样一盏"灯"。这怎么可能呢？火星不也在运动吗？有什么办法可以让火星不动吗？

火星及所有的行星都是在一个闭合的轨道上运行，每隔一个周期它总要回到天空的同一位置上来，在这些特定的时刻，火星不就像固定在那儿一样吗？（这也是唯一的选择，火星的绕日运转周期是686.98 日，如果要利用木星，则必须间隔近 12 年才能测到一次，土星就更别说了。）利用若干个特定时刻来测定地球的位置，地球的轨道不就可以知道了吗？图 9.2 就是利用火星测地球轨道的示意图，我们选某个特定的时刻开始，这就是火星"冲日"的时刻，太阳 S、地球 E_1、火星 H 在一条直线上，从地球 E_1 看火星 H 时的星空位置为 A。一个火星年后，火星回到了 H 点，地球则到了 E_2 点处，在 $\triangle SE_2H$ 中，$\angle SE_2H$ 可由第谷留下的丰富的观测资料定出，

$\angle E_2SH=180°-\angle SE_2A$ (平行线内角和等于 $180°$,由于恒星 A 距离极其遥远,开普勒将直线 SA 和 E_2A 看成是平行的), $\angle SE_2A$ 也可由第谷的观测资料定出,因此可以求出 $\angle E_2SH$,这样 $\triangle SE_2H$ 的三个角都可以知道了,设 SH 的长度为 1 (个单位),于是可以求出 SE_2 。又一个火星年后,火星又回到了 H 点,地球则到了 E_3 点处,用上述的方法可以求得 SE_3 。而后可以求得 E_4 、 E_5 、 E_6 ……

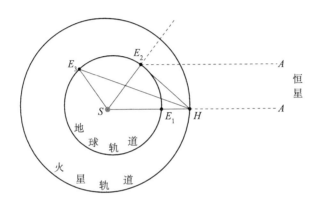

图 9.2　利用火星测地球轨道

在第谷的资料中,共有十多个火星年的记录,也就是说,通过这些资料和计算,开普勒可以得到十多个地球轨道的点位,这十多个点位构成了一个什么样的图形呢?大致像一个圆这是没有问题的,所以开普勒也并不怀疑那是一个圆,经过验算那"确实"是一个圆,只是有点偏心,就是说太阳不在地球圆形轨道的圆心上,开普勒需要测算它往哪儿偏,偏多少。这并不很正确,好在地球的轨道确实非常接近于圆形,因此"以为"它是圆形并未把开普勒引入歧途。

在得到了地球的比较精确的轨道数据以后,地球在任何时刻的位置及它和太阳的距离就成为已知条件,以此来求得其他行星在若干个时刻的精确位置及它和太阳的精确距离便比较容易了。我们实

在无法不为这样巧妙的方法叫绝!

接下来，他首先研究火星，因为这颗行星的轨道一直最难把握，开普勒相信如果他能理解火星的轨道，便一定能理解所有行星。运用第谷的观测资料，开普勒可以计算出火星在若干个时刻的位置及它和太阳的距离，不过这也还只是火星轨道上的若干个"点"，这些点位又构成了一个什么样的图形呢? 大致像一个圆这也是没有问题的，所以开普勒起初也并不怀疑那是一个圆，可是经过了许许多多次的试算，却总是有一些数字和第谷观测资料里的数据不能相符，在大约进行了 70 次试算后，他几乎接近了真相，其中有的位置和第谷的数据相比仅有 8′ 的误差，这是一个很小的数字，可以忽略不计吗? 或者这可能就是第谷测量时发生的小差错呢? 但开普勒坚信第谷的资料是准确的，绝不会有这么大的差错，这个误差也绝不能忽略不计。最后，他决心放弃圆形轨道的假设，尝试用别的几何曲线来试算火星的轨道。

一个又一个试验轨道被抛弃，因为经过繁重的计算后发现它们都不能很好地符合第谷的观测数据。然后，据说他"偶然"想到了椭圆，什么是椭圆呢? 简单地说就是在平面内与两定点的距离的和等于常数的动点的轨迹叫做椭圆。图 9.3 为椭圆轨道示意图，其中图 9.3 (a) 为椭圆作法，从中可以看出，椭圆上任何一点到两个定点的距离都是相等的，那两个定点就是椭圆的两个焦点。通过图 9.3 (b)、图 9.3 (c) 也可以发现，肉眼根本无法分辨出真实的火星轨道是正圆还是椭圆，可见测算火星的轨道该有多困难。

开普勒终于发现火星绕太阳运行的轨道不是圆形，而是椭圆形，这一回又是几何学帮了天文学的大忙。随即，开普勒将椭圆推广到

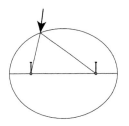

（a）椭圆作法
椭圆上的任何一点到两
个定点的距离之和保持
不变

（b）夸大的火星轨道
椭圆的偏心率为0.6，
以便于认识椭圆轨道的
特点

（c）真实的火星轨道形状
椭圆的偏心率为0.2，肉眼
很难分辨它与正圆形的区别

图9.3　椭圆轨道

其他行星，验算证明其他行星的轨道也都是椭圆，其中水星轨道的偏心率比火星的大些，其他行星包括地球的轨道偏心率则比火星的轨道偏心率要小得多，更像是一个正圆，因此假如第谷叫他先研究金星运动的话，他可能永远也发现不了行星的真轨道。

开普勒打破了统治天文学两千年的圆周运动的"符咒"。这就是开普勒的行星运动第一定律：行星在椭圆的轨道上运转，太阳位于椭圆的一个焦点上。

第二，行星在轨道上运行的规律是什么？

当开普勒还在相信行星的轨道是偏心圆的时候，他就同时在研究行星在其轨道上的非匀速运动遵循的是什么样的数学定律，无论是地球还是火星，它们在离太阳近的时候运行得快，离太阳远的时候运行得慢，速度和距离是什么关系呢？经过种种的假设和复杂的计算，开普勒找到了这样的规律：在同样的时间里，行星向径在其轨道平面上扫过的面积相等。这就是开普勒的行星运动第二定律，也就是面积与时间成正比的定律，它实际上产生于第一定律之前。图9.4为开普勒第二定律示意图，图中三个阴影的面积相等。

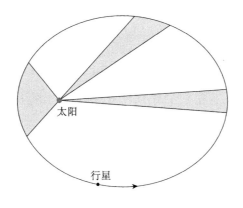

图 9.4　开普勒第二定律

　　第二定律是第一定律的补充，如果没有这个补充，给定一个轨道几乎或完全无法断定行星在特定的时刻出现在恒星的什么位置。

　　1609 年，开普勒发表了《新天文学》一书和《论火星运动》一文，公布了这两个著名的定律。在《新天文学》的开始部分，开普勒写道："亲爱的读者，如果你被这单调乏味的处理步骤弄烦了，请可怜一下我吧，因为我已经至少算了 70 多次。"可见工作之艰辛！

　　当椭圆轨道取代了托勒密体系和哥白尼体系共有的基本圆形轨道以后，当等面积定律取代了圆周上的匀速运动以后，所有这些偏心圆、本轮、偏心匀速点及其他特设性装置，都不再需要了。原先的哥白尼体系还只是在对宇宙的定性描述上是简洁的，而在定量的细节的描述上依然很臃肿，如今经过开普勒的改造，哥白尼体系才真正变得简洁、和谐。因此，现代科学继承的哥白尼天文学体系是开普勒和哥白尼相结合的产物。

　　哥白尼体系取得了关键性的胜利！

　　第三，行星离太阳的距离与其绕日周期是什么关系呢？

　　这是开普勒最有兴趣的课题，年轻时的开普勒就"开始考虑被

上帝创造的宇宙","哥白尼发现了上帝宇宙的布局——但未能发现是什么促使上帝选择了这种布局而不是其他的布局"。行星为什么是六个而不是五个或七个?"是什么使得上帝安排某个行星离太阳有一个确定的距离而不是别的距离?有一个确定的速度而不是别的速度?"

最初的研究是很有趣的。开普勒想到,欧几里得几何告诉我们,只存在五种正多面体:四、六、八、十二、二十。每个正多面体都能被一个球(外接球)包围,正多面体的每个顶点都在圆周上;每个正多面体都能包围一个球(内切球),正多面体的每个面都与球表面相切。只有五个正多面体与只有六个行星之间会不会有什么关系呢?开普勒相信其中必有关系,因为他相信数学(尤其是几何学)是上帝使用的语言。经过精心研究,开普勒将五个正多面体与六个行星做了如下安排:土星轨道在最外面,内接一个正六面体,正六面体的内切圆是木星轨道,木星轨道内接一个正四面体,正四面体的内切圆是火星轨道,火星轨道内接一个正十二面体,正十二面体的内切圆是地球轨道,地球轨道内接一个正二十面体,正二十面体的内切圆是金星轨道,金星轨道内接一个正八面体,正八面体的内切圆是水星轨道。

这种设计得到的各个球形轨道的半径比率与各个行星轨道大小的已知值相当吻合,这个模型实在是太美妙了,开普勒喜不自禁。1597 年,26 岁的开普勒在他的《神秘的宇宙》一书中发表了这个模型。但是若干年后,在他得到第谷的观测资料以后,他发现按这个模型计算出的结果与第谷的资料不能相符,尤其是当他发现行星的真实轨道是椭圆以后,他便彻底放弃了这个花费很多心血又如此美

妙的模型。

但是开普勒坚信，行星轨道大小与运行周期如此有序的排列，一定有内在的可以用数学方式表示的规律。他把各个行星的公转周期及它们与太阳的平均相对距离（开普勒和哥白尼一样只知道相对距离）排列成一个表（表9.1），像做数字游戏一样，把这些看似乱七八糟的数字互相加、减、乘、除……翻来覆去做各式各样的运算，其中的艰辛只有他自己知道。数年后，经历了无数次的失败，开普勒终于找到了一个简单而又神奇的规律：行星公转周期的平方与它同太阳的距离的立方成正比。

表 9.1　行星公转周期及与太阳的平均相对距离

	行星距离太阳 P/天文单位	绕日公转 周期 R/年	P^3	R^2
水星	0.3880	0.2409	0.0580	0.0580
金星	0.7240	0.6160	0.3800	0.3795
地球	1.0000	1.0000	1.0000	1.0000
火星	1.5240	1.8809	3.5400	3.5380
木星	5.2000	11.8631	140.6080	140.7300
土星	9.5100	29.4565	860.0850	867.6900

看了这个结果，你有没有一种"啊！如果是我，可能也会发现这个规律啊！"的感觉？

这就是行星运动的第三定律，也叫周期定律，这也是开普勒最得意的成就。

哥白尼体系又一次取得重大的胜利，因为只有建立在哥白尼体系的基础之上，才能得到这样美妙的规律，而在所有的地心体系之上是不存在如此美妙的规律的。

开普勒的天文学仍需面对传统的考验：它能够作为具有更高精度的星表的基础吗？日心说要想让人心服口服地接受，就得更准确

地预测行星的运动。这个星表最终出现在 1627 年，它的精确性在四年后惊人地显示出来。从现在开始，严格地讲，天文学家所说的哥白尼体系其实就是指哥白尼—开普勒体系。

一个正确的模型在它开始的时候可能还不如一个精雕细琢过的错误的模型来得准确，哥白尼的日心体系相比托勒密的地心体系就是这样，但是，哥白尼体系显示出来的和谐、统一、自然和简洁使得很多天文学家认定哥白尼体系的大方向是对的，开普勒就是这样一个坚持不懈地朝着大方向努力，并且取得了辉煌成功的伟大的天文学家。

二、天空哥伦布——伽利略

1564 年，伽利略（图 9.5）出生在意大利的比萨（比开普勒大 7 岁），1581 年他进比萨大学学医，但他的主要兴趣却在数学和物理上面。1589 年，25 岁的伽利略被比萨大学聘为数学教授，以后又转到帕多瓦大学任教。

图 9.5　伽利略

伽利略从不迷信权威，包括被奉为圣典的亚里士多德的学说。

亚里士多德是古希腊时代的一位伟大的百科全书式的哲学家、科学家、教育家，渊博的知识、深刻的见解、杰出的贡献，使他无愧于"伟大"的称号，但是再"伟大"的人物也不可能十全十美，什么话都正确，而且永远都正确。可是历史上无数的事例告诉我们，一个人物一旦被尊为"伟大"，人们往往就把他所有的话都会奉为圣典，包括他说错的及当时正确但随着社会的发展需要纠正的话。何况此时的亚里士多德及他的学说都被教会利用，被奉为基督教世界的思想权威。

质疑这样的权威的学说，需要勇气，需要知识，需要智慧。

亚里士多德曾经断言，物体坠落"快慢与其重量成正比"，就是说重的东西比轻的东西下落得快一些，越重的下落得越快。这并非出自推理或试验，而是凭借一种直觉，但这种直觉其实是一个错觉。据说伽利略曾经在比萨斜塔上做过实验，但这个说法不可靠，其实伽利略无需做什么实验，他仅用几句话就彻底推翻了亚里士多德的断言。他指出，如果把一个重物体和一个轻物体捆绑在一起从高空落下，那会怎样呢？例如，把一块大石头和一块小石头捆绑在一起，按照亚里士多德的断言，答案可以有两个：①"组合的石头"下落速度介于大、小石头各自下落速度之间，即小于大石头的下落速度而大于小石头下落速度；②"组合的石头"因为重于大石头，所以它的下落速度大于大石头的下落速度。这两个答案"理应"都对，却互相矛盾，所以亚里士多德一定错了。在 1900 年的漫长年代中，竟没有一个人发现这其中的矛盾，没有一个人想到这似乎非常简单的推理，是伽利略发现并挑明亚里士多德的错误，而且只是短短的几句话就让这一断言轰然倒塌，人们怎不钦佩伽利略的才智。

　　亚里士多德认为，必须有力作用在物体上，物体才能运动，没有力的作用，物体就要静止下来。这也符合人们的直觉，经验告诉我们，如果要让一个静止的物体运动，就必须对它施加外力，推、拉、提或者用别的什么东西作用于它，如果要让它运动得快些，就要用更大的力气。正如两人合推一辆小车，总比一个人单独推一辆小车要跑得快些。但是伽利略通过实验和推理指出，在水平面上运动的物体所以会停下来，是因为受到摩擦阻力的缘故，设想没有摩擦，一旦物体具有某一速度，物体将保持这个速度继续运动下去。运动并不需要力来维持。又是伽利略揭示了亚里士多德的错误，并给出了正确的结论，这一正确的结论以后由牛顿（Newton）把它写成惯性定律。

　　伽利略还研究了抛射体的运动，他发现，抛射体运动可以分解为两个部分，一个是沿着水平方向的匀速运动，另一个是垂直方向的匀加速运动。他证明了，由水平方向的匀速运动和垂直向下的匀加速运动复合生成的抛射体运动，其路径是一条半抛物线。

　　伽利略的实验及推理，在中学的物理课本上有较详细的讲解，爱因斯坦说："伽利略对科学的贡献就在于毁灭直觉的观点而用新的观点来代替它。"

　　1609 年夏，伽利略（这时候的他已经是一个坚定的哥白尼主义者了）听说一个荷兰人发明了供人玩赏的望远镜，主要部分是两块眼镜片，当把这两块镜片一远一近地固定在眼前时，远处的景物就会拉近，变大。这个消息让伽利略非常兴奋，他决定非常仔细地去验证这个传闻的真实性，并尝试为自己制造一个这样的仪器。伽利略不是望远镜的发明者，但他第一个将望远镜指向了浩瀚的天空，从此天文学获得了强有力的观测工具，人类的眼光得以深入宇宙。伽利略做了一个又一个望远镜，一个比一个好，到 1609 年快结束时，他做的望远镜的放大倍数已经达到 20 倍，在伽利略手中，望远镜揭示了无数支持哥白尼体系的证据。

1609 年末，伽利略用他初创的望远镜来观测月球，发现月球表面的凹凸不平，有高山也有平原，还有无数像火山口那样的环形山，并亲手绘制了第一幅月面图；他观测恒星，发现它们比用肉眼观测时亮得多，而且增加了许许多多原来看不到的恒星，原先一片光雾的银河，变成了一大片数不清的星星，望远镜增加了天空恒星的数目，但并没有增大它们的表现尺寸，它们依然是一个一个的小点；1610 年 1 月 7 日，伽利略开始用望远镜观测木星，发现了木星有四颗环绕的卫星。

1610 年初，伽利略出版了《星际使者》一书，公布了上述重要发现，引起了轰动。

1610 年 8 月，伽利略观测金星，发现了金星有如同月亮一样的盈亏现象；1610 年末，他又观测太阳，发现了太阳上的黑子，并根据黑子移动的规律测算出太阳自转的周期为 25 天。他将这些新的观测成果写进了 1613 年出版的《关于太阳黑子的书信》一书。

伽利略的发现，并没有提供地球围绕太阳旋转的直接证据，但所有的发现都是对哥白尼体系的有力支持。月球表面的凹凸不平、太阳的黑子都证明亚里士多德关于"天地有别""天体是完美无缺的"的论断是错误的，天与地没有界限，地球也是天体之一的观点是正确的；望远镜增加了天空恒星的数目，但并没有增大它们的表现尺寸，这证明了恒星离我们地球正像哥白尼预言的一样无比遥远；

木星有四颗环绕的卫星被发现,证明天体并非必须围绕地球旋转,地球并不是唯一一颗带着卫星的行星;太阳的自转无疑也提示我们,那么巨大的太阳都在自转,地球不是也完全可以自转吗?

　　金星盈亏现象的发现更是给了托勒密体系沉重一击,证明了金星确实像哥白尼体系描绘的那样在围绕太阳旋转,如图 9.6 所示,如果金星的轨道像托勒密安排的那样位于太阳和地球之间的话[图 9.6 (a)],那我们从地球上就永远只能看到月牙状的金星,而无法看到满月状的金星;如果金星像哥白尼安排的那样围绕太阳运行的话 [图 9.6 (b)],我们就一定能看到金星有周期性的盈亏变化。哥白尼没有能够看到金星的盈亏,但哥白尼体系预示了这种现象必定存在,伽利略的发现使人们犹如听到哥白尼在说:"我早就告诉过你们是这样嘛!"这句话让人恼怒,但也没有哪句话比它更有效。

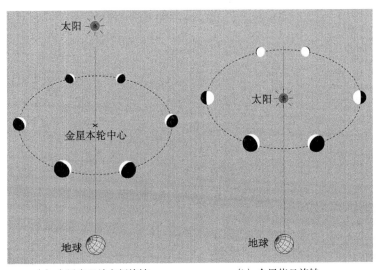

(a) 金星在日地之间旋转　　　　(b) 金星绕日旋转

图 9.6　金星盈亏

　　伽利略用望远镜普及了天文学,而且普及的是哥白尼天文学。

他的行为引起了教会的警觉，1615 年，罗马宗教裁判所对拥护哥白尼体系的人发出了警告，1616 年初，罗马宗教裁判所传讯了 51 岁的伽利略，禁止他以口头的或文字的形式传授或捍卫日心说，并于 3 月 5 日宣布哥白尼的《天体运行论》为禁书。

科学斗士伽利略没有放弃他的研究和宣传，1632 年，他发表了《关于托勒密和哥白尼两大世界体系对话》一书，在书中，他通过三个人物的对话，回应了几乎所有对于哥白尼体系的非难与质疑。

让我们来看看伽利略是怎样讨论地球的周日自转和绕日公转的吧。

在讨论地球周日旋转的时候，伽利略（借书中人物之口）说，"任何可以归之于地球本身的运动，只要我们始终看着地球上的事物，必然是我们察觉不到的，就好像是不存在一样"。"真正的方法就是观察和考虑那些和地球分离的天体，显示出什么属于一切天体的运动迹象。""现在有一种最普遍的而且压倒一切的运动，就是日、月、一切其他行星和恒星——一句话，除地球以外整个宇宙都包括在内——看上去作为一个整体在 24 小时内从东到西的运动。""每一颗行星都无可争辩地有它本身的自西向东的运动，虽然这种运动是很温和、很有节制的，但是地球如果不动的话，那些行星就得被赶得朝着相反的方向跑。这就是说，以这种非常快速的周日运动从东往西飞驰。而如果使地球自转的话，这两种运动的对立就取消了。"

伽利略非常详细地通过实验和几何学的方法，来论证反对派为了证明地球静止所提出的一系列论据都是不成立的，如高塔上的石块落下时总是沿着和塔身平行的直线落下，垂直向上射出的箭还是落回原地，以同样的喷发力发射的炮弹，不管它们向哪个方向发射，

其射程都是相等的，这些都不能证明地球是静止的，因为如果地球自转，我们观测到的现象也会是一样的，就如同我们在平稳航行的船舱里抛物和跳跃，与在岸上抛物和跳跃是没有区别一样。那种认为如果地球运动，从高塔上落下的石块会落到离塔很远的西边，垂直向上射出的箭会落在箭手西边很远的地方，以同样的火力发射的炮弹往东发射落得很近，往西发射则会落得很远，都是很荒谬的。

在讨论地球周年运动的时候，伽利略说，"任何人迄今为止都没有证明过宇宙是有限的和具有形状的，或者是无限的和无边无际的，我就很有理由询问，自然界是否真有这样一个中心。尽管如此，目前暂且算宇宙是有限的，而且是一个有边界的球形，并有一个中心，我仍旧看不出有什么理由可以相信，处在这个中心的是地球而不是其他星体"。"一个最确实可靠的观察是，我们发现所有的行星在某一个时刻靠近地球，而在另一个时刻又离地球较远。""火星、木星和土星，当它们和太阳相冲时，总是非常接近地球，而当它们和太阳相合时，则离地球很远。""金星和水星肯定也是环绕太阳的，原因是它们从来没有离开太阳很远，而且有时望见它们在太阳的那一面，有时望见在太阳的这一面，这从金星形状的改变可以得到充分的证明。""既然所有行星（我指的是水星、金星、火星、木星和土星）都确以太阳为中心运行，那么把静止状态隶属于太阳而不隶属于地球，看上去应是最合理的。"

伽利略说，"周年运动和所有行星的个别运动混合起来，产生了许多奇怪现象，这些现象在过去把世界上最伟大的人物都搞糊涂了"。

伽利略详细地介绍了哥白尼体系是如何解释行星逆行的（本书

第七章做过讲解），他说，"任何人只要不是顽固不化和不堪教诲，但凭这一条解决办法就足以使他们对哥白尼其余的学说予以首肯"。

地球在围绕太阳旋转，"如果真是这种情形的话，那么由此必然推论出周日运动也是属于地球的了。因为如果太阳停止不动，而地球只是以周年运动环绕太阳，我们的一年就只有一日一夜了；这就是说，六个月是白天，六个月是黑夜，如我们先前曾一度提到过的那样"。

"只要把两种简单的、相互不矛盾的运动归之于地球，遵照相当于这些运动规模大小的周期运行，并且和宇宙内所有运动体一样由西向东运转，就能给一切我们看得见的想象提供适当的原因。""现在你们自己来判断一下，究竟哪一种体系的可能性要大些。"

伽利略感慨地说："当我想到阿里斯塔克斯和哥白尼能够使理性完全征服感觉，不管感觉表现为怎样，依然把理性放在他们信仰的第一位，我真是感到无限的惊异。"

《关于托勒密和哥白尼两大世界体系对话》的出版，引起很大的反响，哥白尼体系为更多的人所了解、接受。伽利略是哥白尼体系最有效的倡导者。《关于托勒密和哥白尼两大世界体系对话》出版后不久，罗马宗教裁判所便勒令停止出售，并发出审判伽利略的传令。1633 年初，年近古稀、多病缠身的伽利略在朋友的搀扶护送下，历经艰辛来到罗马接受审判。在巨大的压力下，伽利略宣布放弃哥白尼学说换取宗教裁判所的"宽恕"，免予火刑，被判终身监禁。人们传说，伽利略在听完审判时口中喃喃自语："地球仍在转动。"

1642 年 1 月 8 日，伽利略逝世。

三、站在巨人肩上的牛顿

就在伽利略逝世的 1642 年年底，牛顿（图 9.7）出生在英国林肯郡的韦尔索普，他于 1661 年进入剑桥大学的三一学院，但并未取得正式学籍，1665～1666 年，因为当地瘟疫的缘故，剑桥大学放了长假，这个时期正好成了牛顿智力创造的异常高峰期。1667 年剑桥大学复课，牛顿重返剑桥大学，他的老师巴罗十分赏识牛顿的才华，1669 年牛顿尚未满 27 岁时，巴罗就把自己的教授席位让给了他。

图 9.7　牛顿

牛顿总结了那个时代在力学和天文学方面一系列的重大发现，在伽利略和开普勒等科学家工作的基础上，通过自己的实践和研究，采用数学分析的方法，整理出了系统的理论，建立了牛顿力学体系。

1687 年，牛顿的《自然哲学的数学原理》一书问世，在这部伟大的作品中，牛顿阐述了他的三大运动定律和万有引力定律。牛顿力学定律的公式及证明，在中学和大学的物理课本上都有详细的讲

解，所以下面只是简要地提一下。

第一定律（即惯性定律）：一切物体总保持匀速直线运动状态或静止状态，直到有外力迫使它改变这种状态为止。

第二定律：物体的加速度跟作用力成正比，跟物体的质量成反比。

第三定律：两个物体之间的作用力和反作用力总是大小相等，方向相反，作用在一条直线上。

万有引力定律：任何两个物体都是相互吸引的，引力的大小跟两个物体的质量的乘积成正比，跟它们的距离平方成反比。

从这些定律出发，牛顿解释了月亮为什么沿着圆形轨道围绕地球旋转。他说，所有环行于任何轨道上的物体，它们都企图离开其轨道中心，如果没有一个与之对抗的力来遏制其企图，把它们约束在轨道上，它们将沿直线以匀速飞去。这个与之对抗的力就是引力。

牛顿做了这样一个理想的实验（图9.8）：如果从山顶上发射炮弹，发射方向与地平面平行，炮弹将沿曲线在落地前飞行2英里；

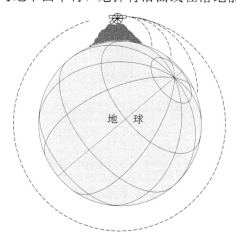

地　球

图9.8　牛顿的理想实验

如果加大火药力，使发射速度加倍或加到 10 倍，则炮弹飞行距离也加倍或加 10 倍（假设没有空气阻力）。通过加大火药力增大发射速度，即可以随意增加炮弹的抛射距离，减轻它的轨迹的弯曲度，使它飞得很远很远，甚至环绕地球飞行而不落下。如果再加大火药力，炮弹将再也不返回地球，而是直入苍穹太空而去，做无限的运动。

同样的道理，月球之所以会沿着圆形轨道围绕地球运行而没有沿直线以匀速飞去，也是因为被引力不断拉向地球，偏离其惯性力所遵循的直线路径，沿着其现在的轨道运转。如果没有这样的力，月球将不能保持在其轨道上。如果这个力太小，就将不足以使月球偏离直线路径，而会飞离地球，如果它太大，则将偏转太大，把月球由其轨道上拉向地球。这个力必须是一个适当的量，数学家的职责在于求出使一个物体以给定速度精确地沿着给定的轨道运转的力。

同样，行星之所以会围绕太阳旋转，也是"这个重力和推动的组合"。牛顿把地上的运动定律推广到天上，证明自然界定律对整个宇宙来说都是有效的，世界具有物质的统一性。

开普勒的行星运动三定律，在牛顿将它们用做其宇宙体系理论的基础以前，一直没有得到普遍的认可。牛顿证明了一系列与开普勒定律有关的命题，也可以说牛顿推导出了这些命题。牛顿从力学角度得出的这些抽象结果可以应用于太阳系，从而得出太阳系天体运动的真实规律，直到这个时候为止，人们才不再怀疑由开普勒所研究得出的行星运动的三定律，直到这个时候为止，人们才理解了彗星那看似奇怪的轨道，彗星也被纳入了统一的体系。

开普勒定律是经验的产物，是根据第谷的仔细观测结果推断的，甚至是"凑"出来的，牛顿定律则是理论性的，是很简单的

数学概念，根据这种概念，我们最终可以推导出第谷观测的一切数据。

牛顿发现抛物体受到指向焦点而与距离平方成反比的力运动时，其轨道不仅限于开普勒的椭圆，还可以是任何一种圆锥曲线。他推导出在这些曲线上运动的各种性质，并指出决定轨道曲线形状（圆、椭圆、抛物线或双曲线）的必要条件仅限于物体的初始条件。例如，地球在现在的位置上，以 29.8 千米/秒的速度运动，其轨道是椭圆形；如果速度增加为 42 千米/秒速度的话，它的轨道将成为开口的抛物线，这时它将挣脱太阳引力的束缚，越出太阳系。牛顿扩展了开普勒第一定律。

如果没有发现这原理，则行星轨道的椭圆形、行星与彗星围绕太阳运动所遵循的定律，它们运动里的长期性和周期性的差数，月球与木卫运动里的许多差数，二分点的岁差，地轴的章动，月球极轴的运动，海水潮汐的涨落等现象都成了各自独立、并无关系的观测结果。是牛顿使这一切乍看之下好像并无关系的现象，联系在了一起，它们都受同一条定律的支配。

牛顿发现了万有引力，人们终于真正明白了地球"那一边"的人为什么不会"掉下去"，地球表面的物体为什么不会在高速运动中被抛出去。当对天体运动中力的作用的研究成为天文学的一部分的时候，哥白尼学说就变得更有说服力了，因为在该学说中，行星是围绕着巨大的太阳而不是小得多的地球运行的。哥白尼的天文学第一次在物理学和宇宙论上都成为可信的，地球和宇宙中其他物体的关系再一次被规定，对行星地球概念最后的有实质意义的反对才消失了。

四、地球公转的证据

尽管理论已经很具说服力，但天文学家们依然希望找到直接的证据、无可辩驳的证据，他们坚信这样的证据一定是存在的，随着科学技术的发展，一些重要的证据被相继发现了。在下面的讲述中，有一些专业名词，本书不再详细介绍，读者如果想深究，就需要去阅读专业的书籍了。

1. 发现"光行差"

根据哥白尼体系，地球在围绕太阳的轨道上运行，在相距六个月的时间里从轨道的这一端运行到那一端，距离如此巨大，一定会产生恒星的周年视差。要承认哥白尼体系，没有什么能比找到一两处恒星视差的例子更令人信服的了。

18 世纪初，英国天文学家、格林尼治天文台台长布拉德雷（James Bradley）是一位热心致力于寻找恒星周年视差的学者，1725 年，他用一架垂直安装的望远镜（天顶仪）观测一颗通过格林尼治天顶的天龙座 r 星（中文名：天棓四），这颗星每天（除开它和太阳过于靠近的一段时间）都从望远镜的镜面通过，他发现这颗星在通过望远镜中心的南北标线的时候，会有微小的移动，由北往南，再由南往北，移动的周期是一年，南北方向上移动的距离仅有 40 弧秒，极其微小。毫无疑问，这是地球绕太阳运动的结果，可是使布拉德雷诧异的是，这种位移的方向同预计的视差位移不相符合，显然它不是恒星的周年视差，而是另一种物理效应，布拉德雷为此苦苦思索。

有一次，他航行在泰晤士河上，发现桅杆顶的旗帜并不简单地顺风飘扬，而是按船与风的相对运动而变换方向。这种情况与人撑伞在雨中行走时的情形一样，如果雨是垂直落下的，行人若将雨伞垂直地撑在头上方，雨点就会滴在人身上，如果将伞稍稍向前倾斜，人就不至于淋雨了，而且人走得越快，雨伞就必须向前倾斜得越厉害，人往东走，伞就要往东稍稍倾斜，往南行走，伞就要往南稍稍倾斜，往西、往北也是如此。布拉德雷突然领悟到，光从某颗恒星沿某个方向以某个速度落到地球上，同时地球以另一个速度绕太阳运转。望远镜就像雨伞一样，必须朝地球前进的方向略微倾斜，才能使某颗恒星的光线笔直地落到透镜上。布拉德雷把这种倾斜角度称为"光行差"。

光行差是指在同一瞬间，运动中的观测者所观测到的天体视方向与静止的观测者所观测到天体的真方向之差。

布拉德雷希望找到恒星视差，但他找到的是光行差，光行差的意外发现提供了地球在绕太阳运动的另一个证明。

2. 准确预测哈雷彗星的回归

牛顿在其《原理》中曾经表明，彗星的轨道伸得很长，在太阳附近，其轨道近似于抛物线。彗星是沿椭圆轨道离开太阳的，并且注定有一天会被再次拉回到太阳系里。

比牛顿小 14 岁的哈雷，是英国著名的天文学家，也是牛顿的好友。在对彗星轨道进行的研究中，他发现 1531 年、1607 年和 1682 年三次观测的彗星轨道有很多相同之处。1695 年，哈雷告诉牛顿说，他觉得它们一定是出现于不同时期的同一颗彗星。他预测这颗彗星将于"1758 年年底或来年年初"回归。

1757 年 6 月，克雷洛在两个助手的帮助之下，经过细致而又艰

苦的计算，对哈雷的预测进行了修正：该彗星将于 1759 年 4 月中旬在太阳附近绕行，历时一个月。1759 年 1 月 21 日，巴黎的彗星猎手梅西叶观测到了回归中的这颗彗星，3 月 13 日，彗星进入对太阳运行的轨道，它的轨道特征与 1531 年、1607 年和 1682 年的彗星十分相似，它们是同一颗彗星。

哈雷已于 1742 年去世，为了纪念他的功绩，人们把这颗彗星命名为"哈雷彗星"。

哈雷被证明是正确的，牛顿的理论在公众中赢得了最广泛的胜利，这同时也是哥白尼体系的胜利。

3. 找到恒星视差

寻找恒星视差的工作仍在继续，随着新一代仪器制造家的不断出现，天文仪器的精度也得到了不断的改进。

1835 年，德国天文学家威廉姆·斯特鲁维选择天琴座 α（织女）星作为其研究对象，1837 年他宣布说从 17 次观测结果中可以推断出该星有 1/8 弧秒的视差，这与现代值颇为接近。

1834 年，德国天文学家弗里德里希·威廉姆·贝塞尔开始对天鹅座 61 星进行观测，但不久就因为哈雷彗星的到来而转移了兴趣，直到 1837 年才又重新恢复对天鹅座 61 星的观测。他用一年多的时间对该星进行了高强度的观测，一般情况下每晚重复观测的次数高达 16 次，"可见度"特别好的情况下观测的次数还要更多。到了 1838 年年底，他宣布说该星的视差大约为 1/3 弧秒。他的结果之所以令人信服，是因为他的多次观测式样与理论预期相符。

就在此后几个星期，曾经在好望角天文台工作过的英国皇家天文学家托马斯·亨德森宣布在南天球有一颗星的视差超过 1 弧秒，

这就是半人马座 α 星（南门二）。这个数值不很准确，据后来测定，半人马座 α 星的周年视差是 0.76 弧秒。

恒星周年视差的发现是天文学史上的一项卓越成果，它是地球运动最为有力的证明。恒星的周年视差是如此之小，它说明恒星离我们确实极其遥远，如半人马座 α 星是离我们最近的恒星，根据它的视差计算出它和太阳的距离约是日地距离的 27 万倍，这真是难以想象的遥远，而这也正是哥白尼当年预见到的。

4. 算出来的海王星

1781 年，英国的一位风琴弹奏家兼业余天文爱好者威廉·赫歇尔用自制的反射式望远镜观测恒星的时候，发现了一颗"奇特"的星，它在望远镜中呈现出一个小小的圆面，这与恒星不一样，望远镜不能放大恒星，只能增强其亮度，把它们变成明亮的光点。随后的跟踪观测发现，这个"奇特"的星在恒星背景下缓缓移动。天文学家们根据观测资料分析，这是一颗围绕太阳运动的行星，离太阳的距离比土星还要远。这是太阳系的第七颗行星，按照神话传统，它被命名为天王星。

天王星的星等为 5.7，尽管很暗，但仍在人眼可见的范围之内，可惜数千年来，却没有人注意到它，直至 1781 年才被望远镜捕获。可以想见，在浩瀚的星空要发现一颗很暗的，且运动非常非常缓慢的行星实在是太难了。由此也可见，天文学家们观测星空需要怎样的耐心和毅力。

天王星的轨道特性很快就被计算出来了，同时制定出它的运行位置表。但是天王星多次偏离它的预期轨道，这让天文学家们很困惑，于是各种各样的解释如雨后春笋般涌现了出来，其中有两种很

值得考虑:也许引力定律在大距离情况下会偏离平方反比形式;或者天王星受到了其外围尚未被发现的一颗行星的吸引。在18世纪中叶,人们一次又一次试图修改引力定律,但无论如何努力,该定律总是坚如磐石。这样,人们产生了一种共识:天王星的反常行为是受到一颗未被发现的行星的作用的结果。

茫茫星海,何处去寻找这颗未知的行星呢?

像赫歇尔那样用望远镜搜索天空吗?未知行星要比天王星更遥远、更暗淡,步履更迟缓,"挨户搜查"那与大海捞针无异。天文学家更倾向于根据天王星提供的线索,在哥白尼体系的框架内,运用牛顿的力学理论,来推算出这颗行星的位置。

英国剑桥的毕业生亚当斯和法国巴黎天文台的勒威耶几乎同时而又各自独立地进行了复杂困难的计算,1843年10月,亚当斯得到了该行星位置的近似解,由于教务繁忙,他直到1845年9月才得出更精确的结果,他推算出该行星在10月1日的时候,应该在以太阳为中心的经度为 $323°34'$ 的位置。在法国,1846年6月,勒威耶在一篇论文中作出结论说:该行星现在所处经度从太阳处看一定在 $325°$ 左右。

亚当斯的工作由于格林尼治皇家天文学家埃里和剑桥大学天文学教授詹姆斯·查理斯的拖延,没有及时进行观测和证实,而勒威耶在得出结论后不久就说服了柏林天文台的天文学家去进行搜寻。1846年9月18日,勒威耶写信给拥有详细星图的柏林天文台的天文学家伽列,请求帮助寻找。他在这封信中写道:"请您把你们的望远镜指向黄经 $326°$ 处宝瓶座内的黄道的一点上,您就将在离此点约 $1°$ 的区域内发现一个圆面明显的新行星,它的亮度约近9等……"

　　勒威耶的信在 9 月 23 日到达伽列手中，当晚伽列就把望远镜瞄准勒威耶所指定的那一小片天区，果然发现有一颗星图上没有的星，这正是那颗要找的行星，它位于勒威耶所预言的那一点以外 52′ 的地方。第二天晚上那颗星移动了，伽列 9 月 25 日立即复信给巴黎的勒威耶："先生，你给我们指出位置的新行星是真实存在的。"

　　新行星的发现轰动了世界，这是科学史上的伟大奇迹，是科学理论伟大预见力的绝好例证，也是哥白尼-牛顿学说的一次无与伦比的伟大胜利。

　　天文学家把这个太阳系的第八个行星命名为海王星。科学史也公正地同时记载亚当斯和勒威耶两人的功绩。

　　恩格斯说："哥白尼的太阳系学说有 300 年之久一直是一种假说，这个假说尽管有百分之九十九、百分之九十九点九、百分之九十九点九九的可靠性，但毕竟是一种假说；而当勒威耶从这个太阳系学说所提供的数据，不仅推算出一定还存在一个尚未知道的行星，而且还推算出这个行星在太空中的位置的时候，当后来伽列确实发现了这个行星的时候，哥白尼的学说就被证实了。"

结束语

　　天体离我们不是太近就是太远，人类是以自己渺小的身躯贴近巨大的地球在观测大地，又是站在运动着的地球上观测其他同样在运动着的遥远的天体，其艰难可想而知。

　　谁见过地球围绕太阳旋转？现在，当我们再次提出这个问题的时候，我们已经跟随历史上的天文学家一起完成了这项证明。无需离开大地，我们就可以知道大地是球形的；无需"站在与地球运动轨道平面相垂直的，离太阳中心数亿千米以远的地方，看上一整年时间"，我们就可以确信地球在围绕太阳旋转，这就是人类的智慧！

　　凭借这样的智慧，人类不仅认识了太阳系，而且已经远远超出太阳系，将探索的触角伸展到浩瀚的宇宙深处。

　　自然界的很多事物都难以用肉眼直接看见，例如，谁见过电子在围绕原子核旋转？谁见过 DNA 的双螺旋结构？没有，都没有。也许在将来的某一天，科学家可以通过某种仪器设备直接观察到原子结构和 DNA 结构，但是科学家不需要坐等那一天的到来，他们通过实验与推理，论证并描绘出了原子结构和 DNA 结构。这样的事例不胜枚举，这就是人类的智慧！

　　人类的智慧是无穷的！

参考文献

1. 石云里. 中国古代科学技术史纲（天文卷）. 沈阳：辽宁教育出版社，1996.

2. 张钰哲主编. 中国大百科全书（天文学）. 北京：中国大百科全书出版社，1980.

3. 金秋鹏. 中国古代科技史话. 北京：商务印书馆，1997.

4. 本书编写组. 天文史话. 上海：上海科学技术出版社，1981.

5. 陈遵妫. 中国天文学史（第一册）. 上海：上海人民出版社，1980.

6. 陈遵妫. 中国天文学史（第二册）. 上海：上海人民出版社，1982.

7. 陈遵妫. 中国天文学史（第三册）. 上海：上海人民出版社，1984.

8. 崔正华，陈丹. 世界天文学史. 长春：吉林教育出版社，1993.

9. 宣焕灿. 天文学史. 北京：高等教育出版社，1992.

10. 陈自悟. 从哥白尼到牛顿. 北京：科学普及出版社，1980.

11. 邓可卉. 希腊数理天文学溯源——托勒密《至大论》比较研究. 济南：山东教育出版社，2009.

12. 邓可卉. 比较视野下的中国天文学史. 上海：上海人民出版社，2011.

13. 江晓原. 十二宫与二十八宿——世界历史上的星占学. 沈阳：辽宁教育出版社，2005.

14. 江晓原. 中国古代对太阳位置的测定和推算. 中国科学院上海天文台年刊，1985，（7）：91-96.

15. 江晓原．该谈谈托勒密了之一至之五．见：江晓原新浪博客（2008－04－09 至 2008－07－10）http：//blog．sina．com．cn/jiangxiaoyuan．

16. 陈久金．历法的起源和先秦四分历．科技史文集，1978，第 1 辑（天文学史专辑）：5-21.

17. 陈久金．浑天说的发展历史新探．科技史文集，1978，第 1 辑（天文学史专辑）：59-74.

18. 苗力田主编．亚里斯多德全集（第二卷）．北京：中国人民大学出版社，1991.

19. 乔治·萨顿（美）．希腊划时代的科学与文化．鲁旭东译．郑州：大象出版社，2012.

20. V. J. 卡茨（美）．数学史通论．2 版．李文林，邹建成，胥鸣伟，等译．北京：高等教育出版社，2004.

21. 托马斯·库恩（美）．哥白尼革命——西方思想发展中的行星天文学．吴国盛，张东林，李立译．北京：北京大学出版社，2003.

22. 皮埃尔·西蒙·拉普拉斯（法）．宇宙体系论．李珩译．上海：上海译文出版社，2001.

23. 伊萨克·牛顿（英）．牛顿自然哲学著作选．王福山，等译．上海：上海世纪出版集团，上海译文出版社，2001.

24. 伊萨克·牛顿（英）．自然哲学的数学原理．王克迪译．西安：陕西人民出版社，武汉出版社，2001.

25. 哥白尼（波兰）．天体运行论．叶式辉译．北京：北京大学出版社，2006.

26. 伽利略（意大利）．关于托勒密和哥白尼两大世界体系的对话．周熙良，等译．北京：北京大学出版社，2006.

27. 米歇尔·霍斯金（英）主编．剑桥插图天文学史．江晓原，关增建，钮卫星译．济南：山东画报出版社，2003.

28. 卡尔·萨根（美）．宇宙．周秋麟，吴依俤，等译．北京：海洋出版社，1989.

后　　记

　　记得还是孩童的时候，我曾经很好奇，天上的星星究竟离我们有多远呢？太阳每天从西边落山，第二天又会从东方升起，它是怎么从地下钻过去的呢？地有多大？我要是一直往前走，会走到边吗？地边有什么挡住吗？围墙？篱笆？那围墙外面又是什么呢？我越想越害怕。

　　随着读书成长，我知道了原来我们脚下的大地是一个圆球，还知道了地球在围绕太阳旋转，也明白了"地球那一边"的人为什么不会掉下去。后来，我还学会了识别夜空的星星，弄明白了什么叫"黄道"，知道行星还会"逆行"。

　　但新的问题随之而来，我很好奇：有太阳的时候是看不见星星的，那么天文学家是怎么知道太阳在恒星背景下的行走，又是怎么能够知道它准确的行走路线的呢？进而我又想：在人们的活动范围还很小且只有极简陋的技术和工具的年代，是怎么知道大地是一个圆球的呢？我知道日心说是四百多年前一个叫哥白尼的人提出来的，但那时候，别说宇宙飞船，也不用说飞机，连望远镜还没发明出来呢，仅凭肉眼观测，他是怎么认识到地球在围绕太阳旋转呢？

　　在上大学期间，我曾经有半年的时间埋头于校图书馆，查找资料，探寻我想知道的答案。这是一件很辛苦但很有乐趣的事，我基本上找到了我需要的答案，满足了自己的好奇心，更重要的是我看

到了古代那些伟大的科学家、哲学家们不懈探索的精神及他们杰出的智慧，受益匪浅。

人类探索太阳系真相的历史生动有趣，内涵丰富，能给人很多启迪。我想，如果我把它讲给中学生听，他们一定会很感兴趣吧？

尽管这样想过，但毕竟这不是我的专业，更非我的职业，其后的 30 年时间里，我没再"操心"过这件事。

10 年前，我快退休了，有了空闲的时间，可以凭兴趣做点什么了。我又想起了这件事，决定写一本书，把人类早期探索宇宙结构的历史写下来，希望能对中学生及其他对此感兴趣的人有所帮助。

不过真正提起笔，难度还是很大，其中的辛苦无需多说，总之三天打鱼两天晒网，写写停停，涂涂改改，反反复复，现在终于算是写出来了，写得如何，当由读者评说。

我非常感谢上海交通大学张鹏杰教授为本书所写的序言，非常感谢国家天文台陈学雷研究员、北京大学李伟固教授、以色列特拉维夫大学张平教授、美国西雅图华盛顿大学钱纮教授、中国科学院院士鄂维南教授的推荐，他们的热情支持使我极为感动。我非常感谢科学出版社侯俊琳、何况等编辑对本书所提的要求和建议，以及他们为本书的出版所付出的心力。我非常感谢北京大学白书农教授、黄岩谊教授和高毅勤教授对本书的支持与帮助。我也要感谢北京大学葛颢副教授一次次细读我的书稿，提出许多宝贵的意见。我同时要感谢汪祝勤、徐世栋、谭庆和等读过我的书稿并且提出了许多宝贵意见的各位朋友，谢谢他们。

葛云保（@六指老汉）

2015 年 3 月于北京燕东园